徐州工程学院学术著作出版基金
本书由 徐州市生态文明建设研究院基金项目 资助出版
淮阴工学院高层次人才基金

湿地公园植物研究
PANANHU SHIDI GONGYUAN ZHIWU YANJIU

著　者：杨瑞卿（徐州工程学院）
　　　　徐德兰（淮阴工学院）
　　　　孙钦花（徐州工程学院）
　　　　张翠英（徐州工程学院）

现场调查：杨瑞卿　徐德兰　孙钦花　张翠英
　　　　　琚淑明　肖　扬　王千千　张家华
　　　　　刘　迅　何益民　陈　政　张黄伟
　　　　　王俐翔　胡　陈　毛钰莹　唐可欣
　　　　　侯凯翔　徐　众　肖　潇

合肥工业大学出版社
HEFEI UNIVERSITY OF TECHNOLOGY PRESS

前言

PREFACE

近年来，我国城镇化和城市建设取得了巨大成就，但同时也面临着环境污染严重、生态系统遭受破坏的严峻形势，开展生态修复，改善城市生态环境，是营造美好人居环境的重要行动。习近平总书记曾在全国城市工作会议上指出，要大力开展生态修复，让城市再现绿水青山，2017 年 3 月住房和城乡建设部颁布了《关于加强生态修复城市修补工作的指导意见》，对城市生态修复工作提出了明确要求，促进了城市生态修复工作的快速、健康发展。

潘安湖位于徐州市贾汪区权台煤矿和旗山煤矿的地下采煤塌陷区域，此处是我国开采煤矿较早的地区，开采历史近百年，长时间的资源透支形成了地面塌陷、地缝开裂等地质灾害，生态环境恶劣。为加快采煤塌陷区的整治和生态修复，贾汪区政府在 2010 年实施了江苏省首个单位投资最大的土地治理项目——"基本农田整理，采煤塌陷地复垦，生态环境修复，湿地景观开发"四位一体的潘安湖采煤塌陷区整治工程，拉开了潘安湖湿地公园建设的序幕。工程总规划面积约为 52.87 km²，其中核心区面积约为 15.98 km²，外围控制区面积约为 36.89 km²，力求在生态修复的基础上，通过湖泊、湿地、岛屿的组合，形成空间景观丰富、物种多样的生态湿地空间。经过 4 年多的建设，潘安湖湿地公园一期、二期工程顺利完工。昔日的采煤塌陷区，如今绿树成荫，湖

岛相依，鸟语花香，在丰富区域生物多样性、促进区域生态系统稳定等方面发挥了重要作用，被称为"采煤塌陷区生态修复的典范"。2017年12月12日，习近平总书记视察潘安湖湿地公园时强调，塌陷区要坚持走符合国情的转型发展之路，打造绿水青山，并把绿水青山变成金山银山。

《潘安湖湿地公园植物研究》对潘安湖湿地生态系统进行调查分析，测定研究区域土壤及水的物理、化学性质，统计区域植物多样性，并通过对比分析研究区域群落变化，确立植物生态修复对采煤塌陷区的响应特征。全书共分四章，第一章介绍了潘安湖湿地公园概况，第二章为潘安湖湿地公园植物的调查与研究，第三章对潘安湖湿地公园植物的生态功能进行了研究，第四章是潘安湖湿地公园植物景观应用与观赏。

在实地调查与研究过程中，徐州市贾汪区政府、潘安湖街道办事处、潘安湖湿地公园管理处给予了大力支持和帮助，本书的出版得到了徐州工程学院学术著作出版基金、徐州市生态文明建设研究院基金项目、淮阴工学院高层次人才基金、江苏省科技支撑项目（BE2013625）、徐州市科技计划项目（KC16SS094）的支持，在此表示衷心的感谢。

受作者知识和能力所限，书中难免存在疏漏和欠妥之处，敬请读者批评指正。

目录｜CONTENTS

潘安湖

湿地公园植物研究
PLANT RESEARCH OF PAN'AN LAKE WETLAND PARK

CHAPTER 1
潘安湖湿地公园概况
OVERVIEW OF PAN'AN LAKE WETLAND PARK

第一章　潘安湖湿地公园概况

第一节　潘安湖湿地公园自然概况

一、地理位置

徐州市位于江苏省西北部，东经116°22′～118°40′、北纬33°43′～34°58′，地处苏、鲁、豫、皖四省交界处，东襟淮海，西控中原，南屏江淮，北扼齐鲁，是淮海经济区的中心城市，是全国重要的综合交通枢纽。

潘安湖湿地公园位于徐州贾汪区西南部，公园总规划面积 52.87 km²，分核心区、控制区两个层次。其中核心区面积约为 15.98 km²，外围控制区面积约为 36.89 km²（图1-1）。

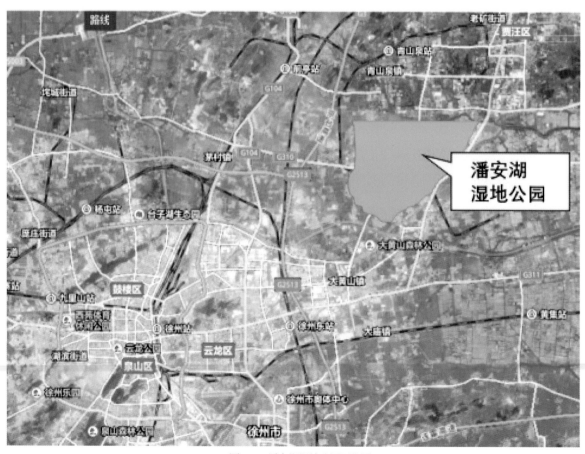

图1-1　潘安湖湿地公园区位图

二、自然地理条件

（一）气候

潘安湖湿地公园地处中纬度地区，属暖温带湿润至半湿润季风气候区，四季分明，日照充足，冬夏季节较长，春秋季节较短。春季（3—5 月）以冷、干、多风天气为主，降雨量少，春后回暖快。夏季（6—8 月）天气炎热多雨，易涝。秋季（9—11 月）凉爽，时间短，光照多，早秋多涝，晚秋多旱。冬季（12 月至次年 2 月）受冷空气影响，寒冷干燥，雨雪稀少。全年中 7 月最热，月平均气温为 26.8℃，1 月最冷，月平均气温为 -0.4℃。年平均降水量为 869 mm，年平均降雨天数为 81 d，平均相对湿度为 72%，每年 7、8 月相对湿度较高。区内冬天以西北风为主，夏季多东南风，年平均风速约 3.0 m/s，全年无霜期 208 d 左右。

（二）地质地貌

潘安湖湿地公园所在的贾汪区，地处华北平原区鲁南南缘低山——丘陵与黄淮冲积平原过渡带，其地貌特征为低山——丘陵、山前平原及冲积平原，总体地势西高东低、北高南低。境内有大小山头 300 余座。盆地内属于开阔冲积——洪冲积平原，沿不老河两侧广泛分布。平原区一般海拔标高 30～35 m，最低标高 26 m。区内各时代岩石地层单元发育较齐全，基本反映了华北陆台东南缘沉积类型面貌；总体构造是徐州复式背斜呈弧形展部的北东端，构造线方向大多呈北东方向。

（三）水文条件

潘安湖是长期采煤形成的塌陷区，属淮河的沂沭泗流域，周边水系发达、水网交织、河网密布。

潘安湖水系北至屯头河，东、南至不老河，西至套屯河，总面积 47.69 km²。塌陷地最低处 22～23 m，地下水位线为 27～27.5 m，区内一个进水口自小吴引河引不老河水入潘安湖，潘安湖主要出水渠道为屯头河，屯头河是一条横贯贾汪区中西部的排洪及引水主要渠道，是上游不老河的主要支流。

湖区周边水系与贾汪区纵横交错的河流交汇，构成天然的水循环系统，为潘安湖湿地的景观多样性、湿地文化的特色性提供了良好的水环境。

（四）动植物资源

贾汪区内山丘以侧柏、刺槐林为主，许多坡地已开辟为温带性果园。此外还有一些小面积的次生林，组成种类主要有黄檀、山槐、棠梨、黄梨、黄连木、臭椿等；灌木种类有牡荆、酸枣、茅莓、野山楂等。

区域内具有较高的动物多样性，主要有刺猬（*Erinaceinae*）、鼹鼠（*Mole*）等哺乳类 12 种；池鹭（*Ardeola bacchus*）、豆雁（*Anser fabalis*）、鸿雁（*Anser cygnoides*）、针尾鸭（*Anas acuta*）等鸟类 209 种；乌龟（*Chincmys reevesii*）、中华鳖（*Trionyx Sinensis*）、壁虎（*Gekko*）、赤链蛇（*Dinodon*）等爬行类 13 种；中华蟾蜍（*Bufo gargarizans*）等两栖类 6 种；银鱼（*Hemisalanx prognathus Regan*）、青鱼（*Mylopharyngodon piceus*）、草鱼（*Ctenopharyngodon idellus*）、鲢鱼（*Hypophthalmichthys molitrix*）等鱼类 44 种。鸟类资源十分丰富，共记载鸟类 209 种，隶属 18 目，约占江苏省鸟类总数的 45.43%。湿地水鸟 78 种，占总数的 37.32%，珍贵水禽有天鹅（*Cygnus*）、鸳鸯（*Aix galericulata*）、鸿雁、赤麻鸭（*Tadorna ferruginea*）、绿头鸭（*Anas platyrhynchos*）、鸬鹚（*Phalacrocorax* sp.）、苍鹭（*Ardea cinerea*）等。

第二节　潘安湖湿地公园建设背景

一、贾汪区经济社会发展概况

潘安湖湿地公园所在的贾汪区有着长达 130 余年的煤炭开采史，是华东能源基地和江苏煤炭源地，但随着煤炭资源的枯竭，地表发生严重塌陷，形成大面积的采煤塌陷地，严重制约了其经济社会的发展。

近年来贾汪区围绕"争先进位、跨越发展"，进一步明确"山水生态城、休闲度假区、徐州后花园、城市副中心"的建设目标，紧紧抓住徐州市区向东扩展、振兴徐州老工业基地等重大机遇，全面拉开了新一轮大发展序幕。特别是被列为全省唯一的国家资源枯竭型城市以来，贾汪区的发展进入了国家层面、省级战略，获得了长久的动力支持。发展环境的优化，有力助推了跨越发展进程，经济综合实力不断增强。2016 年，贾汪区实现财政总收入 29.09 亿元，同比增长 3.8%，高于全市平均水平 5.1 个百分点，增速居徐州市五县（市）二区第 2 位。

二、贾汪区生态环境建设概况

在抓好经济建设的同时，贾汪区紧抓资源枯竭型城市转型的机遇，按照"宜农则农、宜水则水、宜游则游"的生态修复原则，加强生态环境建设，先后进行了大洞山景区、督公湖景区、潘安湖湿地公园、卧龙泉景区、凤鸣海景区、城市公园绿地等一批生态环境建设工程，实现了由旧到新、由小到大、由灰到绿的巨变。如今的贾汪，城在林中，路在绿中，居在园中，人在景中，畅游在贾汪，以水系、绿带、景观廊道串联景区而成的美景，俯仰皆是，城里城外、山间水边，步移景异。从"全国绿化模范区"到"创建国家森林城市突出贡献奖"，从"中国休闲小城"到"全国休闲旅游示范区"，贾汪区成功实现了由"灰"到"绿"的绿色转型。

三、潘安湖湿地公园建设基本情况

潘安湖位于贾汪区权台矿和旗山矿地下采煤塌陷区域，两矿是我国开采较早的煤矿，开采历史近百年，长时间的资源开采形成了地面塌陷、地缝开裂、地质下沉等地质灾害，区内积水面积 240 公顷，平均深度 4 m 以上，坑塘遍布，荒草丛生，生态环境恶劣，又因村庄塌陷，造成当地农民无法耕种和居住，绝大部分地区形成无人居住区。开发建设潘安湖湿地公园，对改善和修复当地生态环境，有效拓展徐州生态空间，提升贾汪区生态环境具有重要的意义。2010 年，贾汪区在实施全省首个单位投资最大的土地治理项目——潘安湖采煤塌陷区整治工程的基础上，确立了以"基本农田整理，采煤塌陷地复垦，生态环境修复，湿地景观开发"四位一体的建设模式，拉开了潘安湖湿地公园建设的序幕。公园总规划面积 52.87 km^2，其中核心区面积约为 15.98 km^2，外围控制区面积约为 36.89 km^2，建设力求在生态修复的基础上，通过湖泊、湿地、岛屿的组合，形成层次丰富、空间景观丰富、植被物种丰富的生态湿地空间。

第三节 潘安湖湿地公园的主要功能分区和景观分区

潘安湖湿地公园目前完成建设的是北湖和南湖，总面积约 720 公顷。北湖用地面积约 467 公顷，其中陆地面积约 113 公顷，水域面积约 354 公顷（含湿地面积 100 公顷）。南湖用地面积约 253 公顷，其中陆地面积约 133 公顷，水域面积约 120 公顷（含湿地面积 8 公顷）。

一、北湖的主要功能分区和景观分区

潘安湖湿地公园北湖为一期工程，2011 年 4 月开工建设，2012 年 10 月 1 日正式开园运营。主要景区包括主岛、鸟岛、枇杷岛、哈尼岛、潘安古村岛、蝴蝶岛、颐心岛、醉花岛及水神岛（图 1-2）。

主岛位于潘安湖湿地公园中心，岛屿面积约 22 公顷。岛内设有游客服务中心、假日酒店、会议中心及商业街，是集旅游服务、商业、会议、餐饮娱乐为一体的综合性第一大岛。

鸟岛位于东侧湿地，岛屿面积约 1.67 公顷。岛上种植茂密的、适于鸟类栖息生存的乔灌木和草本植物，四周水面种植层次丰富的水生植物，形成适于水禽、鸟类生长栖息的繁衍基地。

枇杷岛位于主岛东侧，岛屿面积约 4.75 公顷，岛内种植了大量枇杷树，同时设有休闲娱乐区，可为游客在观赏湿地的同时提供生态自然的休闲场所。

哈尼岛位于主岛西侧，岛屿面积约 11.3 公顷，该岛主要为动态区域，建有一处较大的青少年欢乐中心，可以开展生态活动、露天音乐演出、各类拓展集训活动等项目。

潘安古村岛位于主岛西北侧，岛屿面积约 8 公顷，岛上建筑以再现徐州传统建筑为宗旨，保持北方民居的建筑风格，并引入现代建筑元素，内圈商业街为全木结构，布局错落有致，外圈居住区为混凝土框架结构、典型的北方四合院民居。所有街道为旧青石板铺装，蜿蜒曲折，曲径通幽。同时借鉴南方滨水建筑的空间体系，内外湖驳岸亲水平台、曲折长廊增加了几分与自然契合的朴素、秀气。建筑使用古老的施工工艺，木雕石刻、砖瓦石均为收购的老砖老瓦。青石小巷，青砖黛瓦，百年古树，处处彰显古色古香的历史风貌。

蝴蝶岛位于公园西北部，岛屿面积约 6.73 公顷，树种以三球悬铃木（*Platanus orientalis*）、白蜡（*Fraxinus chinensis*）、刺槐（*Robinia pseudoacacia*）等为主。该岛以蝴蝶文化为主题，配建蝴蝶展览馆，让游人在观赏蝴蝶的同时，体验制作蝴蝶标本带来的乐趣。岛上设有欧式教堂、欧式风情一条街以及西式酒吧等，打造欧式婚礼场所，让人们充分感受诗意浪漫的西方风情。

颐心岛取自颐养身心之意，占地约 4.2 公顷。岛上种植杜仲（*Eucommia ulmoides*）等药用植物，形成植物养生的特色。在葱郁的树林和花草中间，布置养生会所，具备植物养生、五谷养生、水疗养生、休闲养生四大特色，形成幽静自然的生态养生基地。

醉花岛位于公园西南部，紧靠西侧湿地，岛屿面积约 4.2 公顷，以香花植物为特色，设有传统的中式婚庆场所，可在此举行民俗婚礼仪式和开放式婚庆活动，也可举行沙龙聚会、品茗等活动，岛上设有中式品茗雅居，让人们在休闲中充分回味高雅的茶香古韵。

水神岛位于潘安古村岛与蝴蝶岛之间，岛屿面积约 0.58 公顷，设有一座寺庙及一处高塔，用于供奉水神，总建筑面积约 1200 m²。

湿地生态保育区，占地面积约 133 公顷，里面种植了丰富的水生植物，主要种类有芦苇（*Phragmites australis*）、芦竹（*Arundo donax*）、香蒲（*Typha orientalis*）、水葱（*Scirpus tabernaemontani*）、千屈菜（*Lythrum salicaria*）、荷花（*Nelumbo nucifera*）、池杉（*Taxodium distichum* var.*imbricatum*）等。

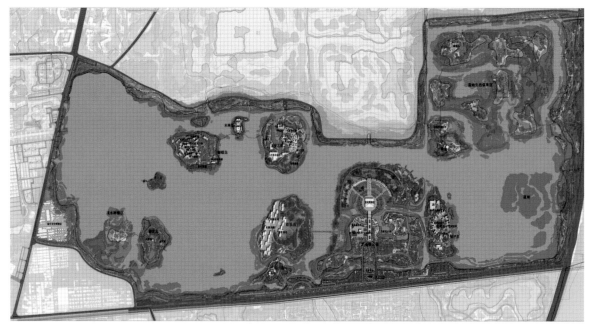

图 1-2　潘安湖湿地公园北湖平面图

二、南湖的主要功能分区和景观分区

潘安湖湿地公园南湖为二期工程，2013 年 9 月开工建设，分为湿地科普展示景观区、入口及湿地主题景观区、湿地娱乐景观区、潘安文化形象展示区、乡居度假区、花海休闲度假村六个部分（图 1-3）。

湿地科普展示景观区（天堂岛）：占地面积约 78.38 公顷，主要功能为湿地动植物科普，水体、空气、土壤质量的检测等，为游客提供参与性科普体验，提供湿地生物栖息场所，可开展湿地科普，湿地游览、观鸟、观鱼、眺望、检测体验等活动。植物特色为大片挺水植物及果树，为鱼类、两栖类、鸟类提供适合生存的场所，并且通过沿水面布置全套湿地净水系统，分段演示植物、生物、微生物的净水过程及净水效果，科学生动地向游人展现湿地系统对地球和人类的生态价值。

入口及湿地主题景观区（阳光岛）：占地面积约 40.17 公顷，为入口、游客服务中心、停车、餐饮、售卖、集会活动区。景观体现潘安湖湿地特色，与一期相呼应，空间特色为开敞、大气，具有标识性、主题性，可开展集会、沙滩活动、风筝、瞭望、餐饮、观赏、骑自行车、野餐等活动。植物特色为主入口处树形挺拔、季相特色分明的实生银杏与整形灌木组成的树列矩阵，结合几何规整的硬质广场，形成庄严、震撼的空间氛围，与一期入口的规则式广场遥相呼应的同时，"V"形树阵给人以强烈的方向指向性，引导游人进入景区，并使主题标志构筑物成为视觉亮点，增强构筑物的标示性和主题感。

湿地娱乐景观区（冒险岛）：占地面积约 27.25 公顷，主要功能为娱乐活动、儿童活动、青少年活动；以科普展示与儿童活动功能的结合为景观亮点，景观空间突出安全性与趣味性，可开展儿童活动、亲子教育、野餐、摄影、青少年户外运动等活动。植物特色为活泼、有趣味性的生态植物景观，陆生植物群落与湿地植物群落围绕着小场地和活动休憩设施，形成一个个风格迥异的小空间，点缀观花观果的乔木、花灌木组合为热闹的活动空间创造观赏亮点。

潘安文化形象展示区（翡翠岛）：占地面积约 32.05 公顷，主要功能为展现潘安文化及当地民俗文化，营造具有表现力、亲和力、尺度宜人的景观空间，主要景点有潘安选美广场、古代四大美男展示馆、潘安古祠，可开展潘安文化展示活动、各类选秀活动以及庙会、民俗、表演等活动。植物选用具有中国传统文化内涵的种类为主要景观树种，打造观花观果闻香等专类园，供游人静态观赏。

乡居度假区（养生岛）：占地面积约 49.57 公顷，主要功能为休闲度假，特色餐饮，打造私密性、舒适性、安静宜居的景观空间，可开展休闲养生、家庭聚会、度假等活动。植物景观侧重静态观赏，营造放松、惬意、宁静的观景氛围，以乔灌木组合分割空间，围合出以家庭为单位的小团体活动场所。

花海休闲度假村（世外桃源）：占地面积约 27.86 公顷，主要功能为生态景观住宅及其他相关生态开发。

图 1-3　潘安湖湿地公园南湖平面图

潘安湖

湿地公园植物研究

PLANT RESEARCH OF PAN 'AN LAKE WETLAND PARK

CHAPTER 2
潘安湖湿地公园植物的调查与研究
PLANT INVESTIGATION AND RESEARCH OF PAN'AN LAKE WETLAND PARK

第二章 潘安湖湿地公园植物的调查与研究

第一节 潘安湖湿地公园植物多样性调查与分析

植物多样性作为生物多样性的重要组成部分，是指以植物为主体，由植物、植物与环境之间所形成的复合体及与此相关的生态过程的总和。植物作为湿地公园的重要组成部分，其种类的多样性是湿地公园景观多样、群落稳定、生态功能发挥的基础。从生态学理论来看，丰富的植物多样性可以使公园中的植物群落结构具有更好的稳定性，也有利于营造景观的多样性，提高其观赏性。

一、调查和分析方法

（一）调查方法

调查范围为潘安湖湿地公园一期，占地面积约 467 公顷，其中水面约 353 公顷。调查范围包括 7 大景区，分别为澳洲主岛（含枇杷岛）、哈尼岛、醉花岛、蝴蝶岛、北大堤、环湖东路、环湖北路（含池杉林）（图 2-1），调查内容包括植物的种类、数量、分布、规格、生长状况等，调查方法为植物普查，调查前设计打印调查表格，调查时携带相关测量工具、公园 CAD 底图、调查表、相机等，现场记录调查结果并拍摄实景图片，调查结束后及时整理调查结果，并将调查结果在 CAD 图上标注，为后续的分析提供第一手资料。

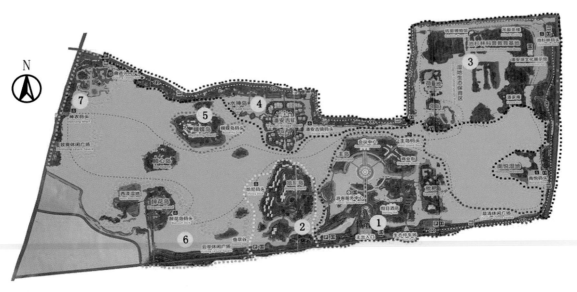

1 澳洲主岛（含枇杷岛）　　2 哈尼岛　　3 环湖北路（含池杉林）　　4 北大堤

5 蝴蝶岛　　6 醉花岛　　7 环湖东路

图 2-1 潘安湖湿地公园植物现场调查地点分布图

（二）分析方法

植物分类、鉴定以及生态类型、乡土树种、外来树种的确定以《园林树木学》《江苏植物志》《江苏省城市园林绿化适生植物》为依据。

植物多样性分析采用辛普森多样性指数和香农–维纳多样性指数，植物丰富度采用 Margalef 指数，植物均匀度采用 Pielou 植物均匀度指数。

辛普森多样性指数　　　$D_S = -\sum\limits_{i=1}^{s} P_i{}^2$

香农–维纳多样性指数　　$H = -\sum\limits_{i=1}^{s}(P_i \ln P_i)$

Margalef 丰富度指数　　$D = (S-1)/\ln N$

Pielou 植物均匀度指数　　$E = H/H_{max}$

式中：S——调查区域内植物物种的总数量；

i——第 i 种物种；

P_i——植物物种 i 的个体数在总个体数中的比例；

N——调查区域内所有植物个体的总数量；

H_{max}——调查区域内最大的植物物种多样性指数，$H_{max} = \ln S$。

二、潘安湖湿地公园植物的构成特征

（一）种类的构成特征

潘安湖湿地公园共有植物 97 科 227 属 351 种（含变种），其中乔木 117 种，灌木 91 种，草本植物 86 种，水生植物 41 种，竹类 10 种，藤本 6 种。植物种类构成详见表 2-1。

表 2-1　潘安湖湿地公园植物种类构成

植物类型	科	属	种	种占总种数的比例 /%
乔木	40	72	117	33.33
灌木	29	59	91	25.93
草本植物	25	72	86	24.50
水生植物	23	30	41	11.68
竹类	1	3	10	2.85
藤本	4	5	6	1.71

乔木是植物景观营造的骨干材料，对公园景观与功能的发挥起着至关重要的作用。公园内有乔木 40 科 72 属 117 种，占所有植物种类的 33.33%，其中水杉（*Metasequoia glyptostroboides*）、池杉、雪松（*Cedrus deodara*）、广玉兰（*Magnolia grandiflora*）、香樟（*Cinnamomum camphora*）、银杏（*Ginkgo biloba*）、垂柳（*Salix babylonica*）、乌桕（*Sapium sebiferum*）、重阳木（*Bischofia polycarpa*）、

紫叶李（*Prunus cerasifera* f. *atropurpurea*）、垂丝海棠（*Malus halliana*）等的种植数量均达到2000株以上，尤其是水杉和池杉，种植总量达到20000株以上，凸显了公园的湿地特色。

公园内有灌木29科59属91种，占植物种类总数的25.93%，常见的灌木有红叶石楠（*Photinia* × *fraseri*）、海桐（*Pittosporum tobira*）、紫薇（*Lagerstroemia indica*）、木槿（*Hibiscus syriacus*）、夹竹桃（*Nerium indicum*）、锦带花（*Weigela florida*）等，在植物群落构成中起到"承上启下"的作用，对丰富公园植物层次、完善植物群落结构起着重要作用。

草本植物因其千姿百态、观赏性强，在园林绿化中不可或缺。公园内草本植物种类丰富，共有25科72属86种，占总数的24.50%，频度大于50%的草本植物包括麦冬（*Ophiopogon japonicus*）、金鸡菊（*Coreopsis drummondii*）、波斯菊（*Cosmos bipinnata*）等百合科（Liliaceae）和菊科（Asteraceae）的植物，观赏性强，对提高植物景观的观赏性作用显著。

公园共有水生植物41种，占总数的11.68%。常见的有芦苇、芦竹、黄菖蒲（*Iris pseudacorus*）、睡莲（*Nymphaea tetragona*）、荷花等。就湿地公园而言，水生植物最能体现公园特色，发挥生态调节功能，相比之下，潘安湖湿地公园水生植物种类相对较少，且芦苇种植面积占绝对优势，有些适生性好、生态和观赏功能佳的植物如旱伞草（*Cyperus alternifolius*）、灯芯草（*Juncus effusus*）等分布数量很少，在今后的建设中，建议增加水生植物的种类，控制芦苇的种植面积，增加观赏性效果好的水生植物种植数量。

潘安湖湿地公园中的竹类共有10种，占总数的2.85%。常见的有刚竹（*Phyllostachys sulphurea*）、淡竹（*Phyllostachys glauca*）等，除龟甲竹（*Phyllostachys heterocycla*）外，整体长势良好，具有较好的观赏效果。

藤本植物多用于垂直绿化，对环境美化具有独特的作用。公园的藤本植物种类偏少，仅有6种，占总数的1.71%，多用于花架、墙体的绿化，常见的有紫藤（*Wisteria sinensis*）、常春藤（*Hedera helix*）等，建议增加藤本植物的种类有藤本月季（Morden cvs. of Climbers and Ramblers）、花叶络石（*Trachelospermum jasminoides* 'Flame'）等。

（二）植物科、属的组成分析

1. 科内属的统计

公园中含10属以上的科仅有4科，分别是菊科（19属）、禾本科（Gramineae）（18属）、蔷薇科（Rosaceae）（14属）和豆科（Leguminosae）（12属），这4个科占总科数的4.13%，但其包含的属占所有属数的27.75%，是公园的优势科；仅包含1属的科有54个，占总科数的55.67%，但其包含的属仅占总属数的23.79%，具体数据见表2-2。

表 2-2　潘安湖湿地公园植物科内属的组成

包含属数	科数	占总科数的比例／%
10 以上	4	4.13
5～9	3	3.09
2～4	36	37.11
1	54	55.67
合计	97	100

2. 科内种的统计

公园中包含种数在 10 种以上的有 7 科，其中最多的是蔷薇科（40 种），其余依次为禾本科（31 种）、木樨科（Oleaceae）（21 种）、菊科（19 种）、豆科（14 种）、忍冬科（Caprifoliaceae）（13 种）和百合科（12 种），7 大科占总科数的 7.21%，但其所含种数占总种数的 42.74%；单种科为 42 科，占总科数的 43.30%，但其包含的种数仅占所有种数的 11.97%（表 2-3）。

表 2-3　潘安湖湿地公园植物科内种的组成

包含种数	科数	占总科数的比例／%
10 以上	7	7.21
5～9	8	8.25
2～4	40	41.24
1	42	43.30
合计	97	100

3. 属内种的统计

公园中含 5 种以上的属仅有 9 属，其中梅属（Prunus）（12 种）最多，其余依次为女贞属（Ligustrum）（8 种）、刚竹属（Phyllostachys）（7 种）、忍冬属（Lonicera）（6 种）、槭树属（Acer）（6 种）、蔷薇属（Rosa）（6 种）、柳属（Salix）（6 种）、鸢尾属（Iris）（5 种）和松属（Pinus）（5 种），这些较大的属隶属 8 科，共有园林植物 61 种，占总种数的 17.38%；其中松属、刚竹属由于其常绿，其他属因具有较好的观赏性和适应性，在公园中得到较多的应用。只有单种的属共 171 属，含有园林植物 171 种，分别占总属数和总种数的 75.33% 和 48.72%（表 2-4）。

表 2-4 潘安湖湿地公园植物属内种的组成

属内含种数	属数	占总属数比例/%	种数	占总种数比例/%
≥5	9	3.96	61	17.38
2～4	47	20.71	119	33.90
1	171	75.33	171	48.72
合计	227	100	351	100

4. 科、属构成的统计结果分析

潘安湖湿地公园中，菊科、禾本科、蔷薇科、豆科植物占优势。与江苏省湿地植物相比，莎草科、蓼科等科的水生和湿生植物种类较少，在一定程度上反映了水生植物应用的不足。

潘安湖湿地公园的植物种类集中于少数几个大科，而多数科只有少数属（种）或单属（种），植物以小种科和单种科占优势，既有多样化的组成，又有优势非常显著的科，表明公园植物组成具有复杂性和多样性。

（三）常绿树种与落叶树种的构成特征

潘安湖湿地公园共有常绿乔木 21 种，落叶乔木 96 种，常绿灌木 50 种，落叶灌木 44 种，草本植物除麦冬、沿阶草（*Ophiopogon bodinieri*）、吉祥草（*Reineckia carnea*）等少数种类外，以落叶植物为主。

木本植物中，从种类组成看，常绿树种与落叶树种的比例为 3.36∶6.64，其中常绿乔木与落叶乔木的比例为 1.79∶8.21，常绿灌木与落叶灌木的比例为 5.32∶4.68。从数量组成看，常绿树种与落叶树种的比例为 5.15∶4.85，其中常绿乔木与落叶乔木的比例为 1.52∶8.48，常绿灌木与落叶灌木的比例为 6.50∶3.50。

相关研究表明，徐州地处暖温带，园林植物中常绿树种与落叶树种的比例建议为 3∶7～4∶6，考虑到徐州的适生常绿乔木种类少、常绿灌木种类相对较多的特点，在植物配置中建议常绿乔木与落叶乔木比例为 3∶7，常绿灌木与落叶灌木比例为 5∶5，潘安湖湿地公园木本植物中常绿树种与落叶树种的总体比例基本符合这一要求，但常绿乔木无论从种类构成还是数量构成来看比例都偏低，这会导致冬季乔木景观萧条。常绿灌木的比例高，在很大程度上弥补了常绿乔木比例低的不足，同时考虑到公园草本植物以落叶为主，常绿灌木比例的适当提高，可有效保证公园的冬季景观。但另一方面，常绿灌木比例高会导致落叶灌木应用不足，而徐州适生的落叶灌木中，有很多观赏性好的花灌木，如大花溲疏（*Deutzia grandiflora*）、白鹃梅（*Exochorda racemosa*）、麻叶绣线菊（*Spiraea cantoniensis*）、八仙花（*Viburnum macrocephalum*）等，在公园中未种植或种植量小，今后可适当增加这些花灌木的应用，以丰富公园植物景观的色彩和季相变化，提高植物景观的观赏性。

（四）乡土树种与外来树种的构成特征

本书的乡土树种，是指本地区天然分布种或者已引种多年且在当地一直表现良好的外来树种。据此标准，公园内共有乡土乔木 81 种，外来乔木 36 种；乡土灌木 59 种，外来灌木 35 种；乡土草本植物 62 种，外来草本植物 24 种；竹类、藤本植物和水生植物以乡土植物为主。

从种类组成看，乡土植物与外来植物的比例为 7.18 : 2.82，其中乔木为 6.92 : 3.08，灌木为 6.30 : 3.70，草本植物则为 7.21 : 2.79。从数量组成看，乔木为 8.62 : 1.38，灌木为 8.33 : 1.67。根据国家相关标准，城市园林绿化建设中，乡土植物应占 70% 以上，公园植物的构成基本符合这一要求，大量乡土树种的运用，彰显了"适地适树"的树种选择原则，也突出了湿地公园的地方特色。

（五）潘安湖湿地公园植物多样性分析

植物多样性是衡量植物景观多样性的重要指标，也是衡量公园植物生态水平的重要标准。潘安湖湿地公园植物多样性分析结果见表 2-5。分析结果表明，公园整体的植物多样性指数较高，其中辛普森多样性指数为 0.9283，香农-维纳多样性指数为 3.3401，植物丰富度指数为 13.6926，反映公园内植物种类丰富，利于植物群落的稳定和生态功能的发挥。公园植物的均匀度指数较低，为 0.6488，说明植物组成中优势种占优势，其他种类的植物应用数量少，现场调查统计数据也证实了这一点，公园内乔木中，有的树种数量达到上万株，如水杉和池杉，有的不到 20 株，如灯台树（*Bothrocaryum controversum*）、秤锤树（*Sinojackia xylocarpa*）、枳椇等（*Hovenia acerba*）；灌木和草本植物中，木槿种植数量达到 2 万余株，海桐、金钟等的种植面积均达到 10000 m^2 以上，而部分种类植物种植数量不到 20 株（10 m^2），如金边胡颓子（*Elaeagnus pungens* var. *varlegata*）、迷迭香（*Rosmarinus officinalis*）、桔梗（*Platycodon grandiflorus*）等。

为进一步了解公园内植物分布状况，对公园 7 个主要景区的植物多样性相关指数进行分析并与公园总体情况进行比较，7 个主要景区分别为蝴蝶岛、环湖东路、环湖北路（含池杉林）、哈尼岛、醉花岛、北大堤和澳洲主岛（含枇杷岛），分析结果见表 2-5。

表 2-5　潘安湖湿地公园各景区植物多样性比较

景区	植物多样性		植物丰富度指数	Pielou 植物均匀度指数
	辛普森多样性指数	香农-维纳多样性指数		
蝴蝶岛	0.4801	1.4614	5.0795	0.3681
环湖东路	0.5820	1.7212	3.4427	0.3950
环湖北路（含池杉林）	0.8534	2.3308	6.6018	0.6407
哈尼岛	0.9295	3.1445	5.9134	0.7711
醉花岛	0.9523	3.3931	5.9124	0.8467
北大堤	0.7356	1.8301	2.5782	0.5920
澳洲主岛	0.7641	2.1818	7.4214	0.4873
整个公园	0.9283	3.3401	13.6926	0.6488

从表 2-5 可以看出，在公园 7 个景区中，醉花岛和哈尼岛的辛普森多样性指数均大于 0.9，香农-维纳多样性指数均大于 3，高于公园平均水平；蝴蝶岛和环湖东路的辛普森多样性指数均低于 0.6，香农-维纳多样性指数均低于 2，是多样性指数最低的景区。

澳洲主岛的植物丰富度指数最高，其次是环湖北路（含池杉林）景区，而北大堤和环湖东路景区的植物丰富度较低。究其原因，首先，与各景区的功能有关。澳洲主岛和环湖北路（含池杉林）是游客最集中的游览区域，客观上要求丰富的植物景观满足游客游览、科普教育的需要；北大堤和环湖东路的主要功能是交通，植物配置应优先考虑交通需求，植物种类组成不宜太复杂。其次，景区的面积也是导致各景区植物多样性指数不同的重要因素。植物多样性指数较高的澳洲主岛、环湖北路（含池杉林）两大景区占地面积较大，能够为植物的生长提供足够的空间，北大堤与环湖东路景区的面积小，选用植物的种类、数量均受到一定限制。此外，景区平面形态的不同也对植物多样性造成了影响。澳洲主岛呈面状分布，大面积的区域有利于丰富度高的人工植物群落的形成，而北大堤、环湖东路呈带状分布，又有一侧傍水，这就给植物选用带来很多限制条件，影响到景区的植物丰富度。

植物均匀度指数最高的是醉花岛，其次是哈尼岛，分别为 0.8467 和 0.7711，较低的两个景区是蝴蝶岛和环湖东路，均匀度指数均低于 0.4。

综合以上分析，在公园 7 个景区中，哈尼岛、醉花岛两个景区的植物丰富度指数虽然不是最高，但植物多样性指数和植物均匀度指数均居前两位，说明这两个景区的植物配置较为合理，群落结构的稳定性较高。而澳洲主岛与环湖东路两个景区，虽然植物丰富度指数高，但植物多样性指数与均匀度指数都较低，说明这两个景区虽然植物种类丰富，但没有考虑不同种类植物数量的均匀度，导致除优势种外，很多植物种类个体数量很少，只是零星分布在景区中，降低了景区植物群落结构的合理性和观赏性，建议增加优势树种以外的其他树种的应用，以更好地发挥植物多样性丰富的优势。蝴蝶岛的植物多样性指数、丰富度指数和均匀度指数均较低，说明该景区植物配置欠合理，需增加植物种类并注意植物种类的均衡使用。

综上所述，潘安湖湿地公园共有种了植物 97 科 227 属 351 种（含变种），植物种类丰富，水生植物种类相对较少；乔木、灌木、草木的比例约为 1.24∶1∶0.91；木本植物中常绿树种与落叶树种的种类比为 3.36∶6.64，数量比为 5.15∶4.85，总体构成基本合理，常绿乔木应用不足，花灌木应用略显不足；乡土植物与外来植物的种类比为 7.18∶2.82，以乡土树种为主，利于公园地方特色的体现。公园植物多样性的各项指数均处于较高水平，反映了公园植物多样性较丰富，但不同景区的植物多样性存在一定差异，形成差异的主要原因是景区的功能，此外，景区的面积和形状也对其产生了一定影响。功能丰富且观赏功能要求高的景区，需要丰富的植物多样性满足其功能，而较大的面状空间又可为丰富的植物多样性营造有利的空间条件，从这些因素出发，考虑到各景区自身特点，不同景区间植物多样性差异的存在具有一定的合理性。7 大景区中，除醉花岛和哈尼岛外，其他景区的植物均匀度指数相对较低，不利于植物景观的丰富和生态系统的稳定。在未来的植物景观建设中，应增加水生植物的种类和种植面积，如旱伞草、灯芯草、芡实、荸荠、马来眼子菜、伊乐藻等。对于植物均匀度指数较低的景区，应根据功能和景观需求，适当降低部分优势树种如香樟、池杉等的数量和比例，增加优势树种以外的其他树种如中山杉、榉树、灯台树、丁香、大花溲疏、麻叶绣线菊等的应用，在提高均匀度的同时，丰富植物的景观多样性。

第二节 潘安湖湿地公园植物区系分析

一、分析方法

植物科、属的分布区类型根据《世界种子植物科的分布类型系统》《中国植物志》（第一卷）和《中国种子植物属的分布区类型》等资料为依据确定。

二、植物科的区系组成

潘安湖湿地公园植物科的区系组成见表 2-6。由表 2-6 可以看出，世界广布类型的植物使用广泛，共有 34 科，占总数的 35.05%，主要有菊科、禾本科、蔷薇科、豆科、木樨科等，公园所含属数最多的 4 个优势科均属于该类型，这些科的植物对环境具有良好的适应性，在公园中广泛使用且生长状况良好，在一定程度显示了植物选用的合理性。

热带分布类型的植物共有 38 科，占总数的 39.18%。其中，泛热带分布类型的植物有 28 科，占总数的 28.87%，主要有樟科（Lauraceae）、大戟科（Euphorbiaceae）、卫矛科（Celastraceae）、无患子科（Sapindaceae）、锦葵科（Malvaceae）、鸢尾科（Iridaceae）等。这些科的植物多分布于东、西两半球的热带，有很多是经我国南方地区引种驯化至当地种植，并且有很多已经能够很好地适应当地的气候环境；热带亚洲和热带美洲间断分布类型的植物有 7 科，占总数的 7.22%，包括冬青科（Aquifoliaceae）、马鞭草科（Verbenaceae）、紫茉莉科（Nyctaginaceae）等；旧世界热带分布类型的植物共有 2 科，为海桐科（Pittosporaceae）和芭蕉科（Musaceae）；热带亚洲到热带非洲分布类型的植物种类最少，仅有杜鹃花科（Ericaceae）1 科；而热带亚洲到热带大洋洲分布与热带亚洲（印度、马来西亚）分布类型的植物未被使用。

温带分布类型的植物共有 22 科，占总数的 22.68%。其中，北温带分布类型的植物共有 18 科，占总数的 18.56%，主要包括百合科、忍冬科、松科（Pinaceae）、杉科（Taxodiaceae）、柏科（Cupressaceae）、杨柳科（Salicaceae）、壳斗科（Fagaceae）、槭树科（Aceraceae）等。杉科植物作为湿地公园重要的乔木，在公园中得到广泛应用，种植数量达 2 万余株。东亚和北美间断分布类型的植物有木兰科（Magnoliaceae）和蜡梅科（Calycanthaceae）；旧世界温带分布类型的植物仅包括柽柳科（Tamaricaceae）；地中海、西亚至中亚分布类型的植物包括石榴科（Punicaceae）；温带亚洲分布类型、中亚分布类型与东亚分布类型的植物未被使用。木兰科、蜡梅科、石榴科的植物虽然包含种数不多，但因其具有较高的观赏价值在公园中分布较多。百合科的植物多为草本植物，在公园中多作为地被使用。

中国特有分布类型的植物，总共有 3 科，占总数的 3.09%，包括银杏科（Ginkgoaccac）、杜仲科（Eucommiaceae）、珙桐科（Nyssaceae）。银杏作为徐州的市树，在公园中应用广泛，种植数量达 1300 余株。

从科的区系组成分析，所含属较多的 4 大科即菊科、禾本科、蔷薇科、豆科均为世界广布型，所含种多的8大科中，6科（蔷薇科、禾本科、木樨科、菊科、豆科、榆科）为世界广布型，2科（忍冬科、百合科）为北温带分布型，说明潘安湖湿地公园的植物以世界广布型和北温带分布型占优势。热带分布类型的植物比例虽然最高，但主要以泛热带分布类型的植物为主，且多为单属单种科或寡种科。

表 2-6 植物科（属）的分布区类型统计

分布区类型	科数（属数）	占总科（属）数的比例／%
世界广布（1）	34（24）	35.05（10.57）
泛热带分布（2）	28（30）	28.87（13.22）
热带亚洲和热带美洲间断分布（3）	7（12）	7.22（5.29）
旧世界热带分布（4）	2（8）	2.06（3.52）
热带亚洲到热带大洋洲分布（5）	0（6）	0.00（2.64）
热带亚洲到热带非洲分布（6）	1（1）	1.03（0.44）
热带亚洲分布 （印度、马来西亚）（7）	0（6）	0.00（2.64）
北温带分布（8）	18（47）	18.56（20.7）
东亚和北美间断分布（9）	2（23）	2.06（10.13）
旧世界温带分布（10）	1（20）	1.03（8.81）
温带亚洲分布（11）	0（3）	0.00（1.32）
地中海、西亚至中亚分布（12）	1（5）	1.03（2.2）
中亚分布（13）	0（0）	0.00（0.00）
东亚分布（14）	0（30）	0.00（13.22）
中国特有（15）	3（12）	3.09（5.29）
小计	97（227）	100（100）

三、潘安湖植物属的区系组成

潘安湖湿地公园植物属的区系组成中（表2-6），世界广布类型的植物共有24属，占所有植物属的10.57%。这一分布区类型的植物主要包括卫矛属（*Euonymus*）、千屈菜属（*Lythrum*）、芦苇属（*Phragmites* Adans）、香蒲属（*Typha*）等，除卫矛属多为灌木外，其他属多为水生植物，这类植物因具有较强的适应能力，在公园中生长发育状况良好，同时也突出了湿地公园的特性。

热带分布类型的植物共有63属，占总数的27.75%。其中，泛热带分布类型的植物共有30属，占总数的 13.22%，主要植物包括朴属（*Celtis*）、冬青属（*Ilex*）、木槿属（*Hibiscus*）、狼尾草属（*Pennisetum*）等；热带亚洲和热带美洲间断分布类型共有 12 属，占总数的 5.29%，主要有樟属（*Cinnamomum*）、美人蕉属（*Canna*）等；旧世界热带分布类型共有 8 属，占全部的 3.52%，主要有海桐属（*Pittosporum*）、栀子属（*Gardenia*）、簕竹属（*Bambusa*）等；热带亚洲到热带大洋洲分布类型共有 6 属，占总数的 2.64%，主要包括紫薇属（*Lagerstroemia*）、香椿属（*Toona*）、女贞属等。热带亚洲到热带非洲分布类型的仅有芒属（*Miscanthus* Andersson）1 属，占总数的 0.44%；热带亚洲分布（印度、马来西亚）类型的分布类型包括 6 属，如构属（*Broussonetia*）、枇杷属（*Eriobotrya*）、蛇莓属（*Duchesnea*）、山茶属（*Camellia*）等。

温带分布类型的植物共有 128 属，占总数的 56.39%，公园中包含种数较多的 9 个大属均属于该分布类型。北温带分布类型共有 47 属，占总数的 20.70%，是比例最高的分布类型，因其所分布地理区域的自然环境与潘安湖湿地公园最为相近，所以植物对环境的适应能力最强，在公园中生长良好。东亚和北美间断分布类型共有 23 属，占总数的 10.13%，主要包括十大功劳属（*Mahonia*）、槐属（*Sophora*）、木兰属（*Magnolia*）、石楠属（*Photinia*）、木樨属（*Osmanthus*）等；旧世界温带分布类型共有 20 属，主要包括雪松属（*Cedrus*）、梨属（*Pyrus*）、芦竹属（*Arundo*）、萱草属（*Hemerocallis*）等，占总数的 8.81%；温带亚洲分布类型共有 3 属，占 1.32%，包括枫杨属（*Pterocarya*）等；地中海、西亚至中亚分布类型共有 5 属，主要有黄连木属（*Pistacia*）、石榴属（*Punica*）、常春藤属（*Hedera*）等，占总数的 2.20%；中亚分布类型的植物未有使用；东亚分布类型的植物共有 30 属，占总数的 13.22%。

中国特有分布类型共有 12 属，占总数的 5.29%，主要包括银杏属（*Ginkgo*）、栾树属（*Koelreuteria*）、水杉属（*Metasequoia*）等，这几种属的植物在公园应用均较多，且生长良好。

从公园属的区系分析可以看出，公园植物区系成分复杂，15 大植物区系植物均有应用，但主要以温带分布类型为主，这些植物是徐州市地带性植物群落的主要组成部分，对公园的立地条件有着很强的适应能力，在公园中广泛使用，对公园植物群落的构成起到决定作用。公园中热带分布的植物所占比例较高，但除了泛热带分布类型的植物外，其他分布类型植物所占的比例均很小，泛热带植物分布类型植物对公园环境适应良好，它们的使用丰富了公园的植物多样性和景观。

公园中中国特有属共有 12 属。虽然因徐州市特殊的地理环境，这类植物并非当地特有，但银杏、水杉、栾树等的广泛运用，凸显了公园的地方特色和湿地特色。

潘安湖湿地公园植物区系成分复杂，15 大植物区系植物均有应用，温带成分优势明显，对公园的植物组成起决定作用。热带分布型以泛热带成分为主，基本能适应公园环境，对丰富公园植物多样性起到重要作用。

第三节　潘安湖湿地公园植物景观分析

景观功能是公园的重要功能之一，对美化区域环境、提高公园吸引力起着重要作用。植物景观是公园景观功能发挥的重要基础。不同植物具有不同的生态和形态特征，它们的叶、花、果的姿态、大小、形状、质地、色彩各不相同，给人以不同的感官享受——花团锦簇是视觉的享受，花果的芳香是嗅觉的享受，"雨打芭蕉"是听觉的享受，果实的甜美可口是味觉的享受，枝干叶片的细腻、粗糙则是触觉的感受。此外，物候期的不同，又营造出风采各异的四季景观。春季，梢头嫩绿，繁花似锦；夏季，枝叶繁茂，绿树成荫；秋季，色彩斑斓，硕果累累；冬季，枝干遒劲，银装素裹。不同的景观，带给游人不同的美学享受。

一、植物的观赏特征分析

潘安湖湿地公园植物种类丰富，既有观叶、观花植物，又不乏观果、观姿植物。据统计，公园中有观叶树种 156 种，主要有红色的枫香、北美枫香、乌桕、丝棉木，橙黄色的香椿、黄栌、黄连木、槭树，黄色的马褂木、无患子、银鹊树、银杏、白蜡，紫红色的红叶李、紫叶碧桃，棕红色的池杉，黄褐色的水杉，红褐色的榉树、柿树等；观花树种 150 余种，主要有粉红色的美人梅、垂丝海棠、桃花、樱花、红叶李、木瓜、榆叶梅，白色的白玉兰、秤锤树、栀子花，紫色的丁香，黄色的棣棠、金丝桃等；观果树种 33 种，主要有木瓜、海棠、柿树、石楠、冬青、石榴等；还有各种草本花卉。

二、植物的观赏季节分析

从观赏季节来看，春季观赏类植物有 97 种，其中观花树种尤为突出，包括垂丝海棠、桃树、樱花、红叶李、木瓜、白玉兰、秤锤树、棣棠、锦带花、麻叶绣线菊、紫荆、连翘、金钟等；夏季观赏类植物有 81 种，其中草本植物所占比例较大，主要有合欢、石榴、木槿、紫薇、萱草、松果菊、蜀葵、红花酢浆草、玉簪等；秋季观赏类植物有 88 种，以观叶观果植物为主，主要有银杏、乌桕、枫香、栾树、鹅掌楸、柿树、黄连木、桂花、木芙蓉等；冬季观赏植物种类较少，主要为一些常绿树种，如雪松、油松、五针松、香樟等，观花树种仅有蜡梅等。

三、植物的色彩分析

从植物的色彩构成分析看，彩叶类的植物以红色、黄色为主，均为暖色调；观花植物的花色构成中，红色系的植物 62 种，占总数的 41.34%；黄色系的植物 30 种，占总数的 20%；蓝紫色系的植物 23 种，占总数的 15.33%；白色系的植物 35 种，占总数的 23.33%。由此可见，公园植物的花色较多，易形成姹紫嫣红、百花争奇斗艳的景观效果，有益于植物景观的营造。在不同花色中，暖色调的花比例高，占 61.34%，易于营造欢快热烈的气氛，符合公园的功能需求；蓝紫色等冷色调的花占 15.33%，比例较低，建议适当增加冷色调植物，尤其是在安静休息场所等地，以营造宁静清新之感。

四、不同季节的观赏植物推荐

（一）春季观花植物

乔木：白玉兰、望春玉兰、刺槐、楝树、泡桐、毛泡桐、臭椿、梓树、楸树、毛梾、七叶树、四照花、棕榈、流苏树、白蜡树、鹅掌楸、杂交鹅掌楸、接骨木、木瓜、樱花、日本晚樱、紫叶李、杏、梅花、山楂、苹果、海棠、西府海棠、垂丝海棠、杜梨、紫丁香等。

灌木：紫穗槐、紫荆、连翘、金钟、迎春、金银木、榆叶梅、锦带花、紫玉兰、梅、麻叶绣线菊、贴梗海棠、木瓜海棠、棣棠、木本绣球、山茱萸、柽柳、结香、海桐、火棘、红花檵木等。

藤本：紫藤、金银花、野蔷薇、木香等。

多年生花卉：芍药、鸢尾、蛇莓等。

一、二年生花卉：金盏菊、石竹、雏菊、紫花地丁、二月兰、矮牵牛、虞美人等。

（二）夏季观花且浓荫植物

乔木和小乔木：栾树、乌桕、广玉兰、黄山栾树、国槐、龙爪槐、合欢、盐肤木、石榴、石楠、椤木石楠等。

灌木：红瑞木、金丝桃、紫薇、木槿、粉花绣线菊、胡枝子、柽柳、凤尾兰、月季、夹竹桃等。

藤本：凌霄。

多年生花卉：萱草、金光菊、蜀葵、大花美人蕉、红花酢浆草、四季秋海棠、玉簪、紫萼、芭蕉等。

一、二年生花卉：一串红、孔雀草、万寿菊、金鱼草、矮牵牛、紫茉莉、鸡冠花、薄荷、三色堇、美女樱等。

（三）秋叶、秋花、秋实植物

1. 观秋叶类

乔木和小乔木：银杏、乌桕、重阳木、枫香、栾树、鹅掌楸、柿树、黄连木、池杉、水杉、榉树、榔榆、白蜡、五角枫、三角枫、鸡爪槭、木瓜、樱花等。

灌木：黄栌、南天竹、紫薇、红瑞木、笑靥花、珍珠绣线菊、卫矛、扶芳藤等。

2. 观秋花类

木本植物：黄山栾树、枇杷、桂花、胡颓子、木芙蓉、伞房决明、胡枝子、月季等。

多年生花卉（宿根和球根）：大丽花、葱兰、红花石蒜、菊花等。

一、二年生花卉：矮牵牛、鸡冠花、一串红、万寿菊、翠菊、百日草等。

3. 观秋果类

楝树、柿树、栾树、木瓜、海棠、山楂、苹果、西府海棠、石榴、接骨木、石楠、椤木石楠、紫叶小檗、金银木、火棘、南天竹、枸杞、阔叶十大功劳、十大功劳等。

五、不同花色的观赏植物推荐

（一）白色系

国槐、刺槐、龙爪槐、皂荚、毛梾、楸树、臭椿、樱花、丝棉木、杏、山楂、苹果、杜梨、盐肤木、流苏树、七叶树、鹅掌楸、二乔玉兰、接骨木、枇杷、石楠、椤木石楠、金叶女贞、金银木、麻叶绣线菊、木本绣球、海桐、枸骨、金叶女贞、小蜡、凤尾兰、火棘、南天竹、木香、络石、扶芳藤、金银花、常春藤等。

（二）黄色系

三角枫、五角枫、元宝枫、乌桕、青桐、栾树、桂花、连翘、金钟、迎春、云南黄馨、蜡梅、棣棠、山茱萸、结香、金丝桃、天人菊、万寿菊、孔雀草等。

（三）红色系

合欢、巨紫荆、紫薇、木瓜、樱花、日本晚樱、桃、紫叶李、杏、梅花、海棠花、西府海棠、垂丝海棠、石榴、木槿、紫荆、榆叶梅、锦带花、贴梗海棠、木瓜海棠、野蔷薇、凌霄等。

（四）蓝紫色系

楝树、泡桐、紫丁香、紫穗槐、紫玉兰、紫藤、醉鱼草等。

六、不同果色的观赏植物推荐

（一）白色系

红瑞木。

（二）黄绿色系

银杏、楝树、木瓜、杏、梅、梨、海棠、枇杷、贴梗海棠、木瓜海棠等。

（三）红色系

柿树、臭椿、构树、朴树、巨紫荆、樱花、日本晚樱、桃、山楂、苹果、西府海棠、垂丝海棠、石榴、栾树、李、紫叶李、接骨木、石楠、椤木石楠、紫叶小檗、金银木、榆叶梅、珊瑚树、琼花、枸骨、火棘、南天竹、洒金珊瑚、枸杞等。

（四）蓝紫色系

桂花、桑树、阔叶十大功劳、狭叶十大功劳、葡萄等。

（五）黑色系

女贞、毛梾、金叶女贞、小蜡、金银花、常春藤等。

七、观枝、观干及观姿树种

（一）观枝树种

金枝槐、龙爪槐、龙爪柳、红瑞木、棣棠等。

（二）观干树种

红色系：红瑞木、山桃、杏、紫竹等。

黄色系：金枝垂柳。

绿色系：青桐、棣棠、迎春、竹类等。

白色系：白皮松、白桦等。

斑驳色系：悬铃木、木瓜、白皮松、榔榆等。

（三）观姿树种

圆锥形：雪松、云杉、冷杉、油松及其他各类针叶树青壮年时期的姿态。

圆柱形：黑松。

圆锥形：圆柏、龙柏、毛白杨、银杏、水杉等。

棕榈形：棕榈等。

伞形：龙爪槐。

垂枝形：垂柳。

拱枝形：连翘、迎春、云南黄馨等。

匍匐形：砂地柏、铺地柏、平枝枸子等。

八、观叶树种

（一）叶的形状

园林植物的叶形变化万千，各有不同，尤其一些具奇异形状的叶片，更具观赏价值，如鹅掌楸的马褂服形叶、银杏的扇形叶、美国红栌的圆扇形叶、乌桕的菱形叶、合欢细似羽毛的叶片、娜塔栎的异形叶等。

（二）叶的色彩

1. 秋色叶

黄色系：银杏、白蜡、鹅掌楸、白桦、无患子、栾树、核桃等。

红色系：枫香、乌桕、黄连木、鸡爪槭、美国红栌、柿树、盐肤木等。

2. 常年异色叶

常年红、紫色：红枫、紫叶李、紫叶桃等。

常年黄色：黄金槐、金叶榆等。

常年斑驳色：金边黄杨、洒金珊瑚等。

潘安湖

湿地公园植物研究

PLANT RESEARCH OF PAN'AN LAKE WETLAND PARK

CHAPTER 3

潘安湖湿地公园植物的生态功能研究

STUDIES ON THE ECOLOGICAL FUNCTION OF THE PLANTS IN PAN'AN LAKE WETLAND PARK

第三章　潘安湖湿地公园植物的生态功能研究

第一节　潘安湖湿地公园植物的水体净化能力研究

　　潘安湖湿地公园的水面面积约 474 公顷（含湿地面积 108 公顷），占公园总面积的 65.83%，因此水体的质量对该公园生态系统的健康发展起着举足轻重的作用。本研究通过样地调查、采样分析、实验室及水生植物生态修复现场试验等方法，对潘安湖湿地公园植物的水体净化能力进行了研究。

一、材料与方法

（一）植物对潘安湖湿地公园沉积物的影响研究

1. 采样点布置

　　本研究采样点如图 3-1 所示，共计 16 个采样点，鉴于部分采煤塌陷区湿地沉积物沙壤不易采集，因此，确保湖区中有草区为 5 个，无草区为 5 个，其余 6 个在滨岸带、人为干扰严重区等区域进行随机采样。

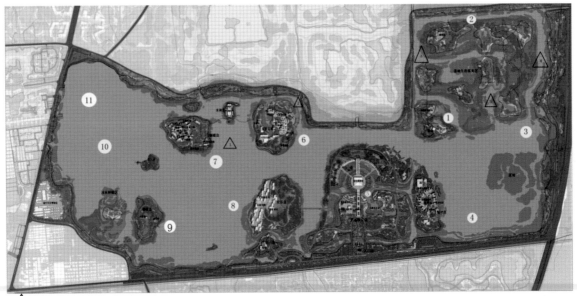

△1 有草区、无草区沉积物样品。有草区、无草区表示是否有水生植物

图 3-1　采样点分布图

2.测试方法

以《水和废水监测分析方法》《湖泊生态调查观测与分析》为指导，进行以下内容的分析与测试：按照上述采样点分布对潘安湖进行环湖采样，利用沉积物采样器采集沉积物带回实验室，经自然风干后，挑拣出其中的根系、石块和杂物，放入研钵中研磨至粉末状后过100目尼龙筛储存于封口袋中。沉积物分析指标主要包括TN、TP和重金属含量，其中总氮采用半微量凯氏法、总磷采用硫酸-高氯酸消煮法、重金属含量采用原子吸收分光光度法（PE-100型石墨炉原子吸收分光光度计，美国PE公司）分析。

（二）植物净化水体能力室内实验

1.实验材料

本实验结合潘安湖采煤塌陷区地理特征，将水生植物适应性、净化效果作为植物种类选择与研究的依据，主要研究的植物种类有金鱼藻（*Ceratophyllum demersum*）、菹草（*Potamogeton crispus*）、狐尾藻（*Myriophyllum verticillatum*）、伊乐藻（*Elodea nuttallii*）、西伯利亚鸢尾（*Iris sibirica*）。金鱼藻是一种耐受营养盐胁迫，春末夏初开始生长、夏秋旺盛生长的沉水植物；菹草是冬春生长、夏季衰亡的沉水植物，在低温条件下的生态修复工程应用中具有一定持效性。

2.实验设计

（1）狐尾藻、金鱼藻和伊乐藻秋季水质净化实验

实验时间：2012年8月25日—2012年10月20日。

地点：徐州工程学院环境工程学院植物实验室。

实验方法：首先将从潘安湖湿地采集的狐尾藻、金鱼藻和伊乐藻三种沉水植物在人工气候箱中培养两周，选取其中生长状况良好的植株进行室内培养。实验过程中，将徐州工程学院校园中的龙湖湖水作为其培养液，湖水水质的相关指标见表3-1。自栽培之日起，每隔1天测量一次水样。

表3-1　实验用水水质的相关指标

水质指标	COD/（mg/L）	TN/（mg/L）	pH值	色度/度	全盐量/（mg/L）
数值	30.38	2.42	6.0	70	722

（2）大型水生植物在低温条件（冬季）对氮、磷元素吸收效应研究

实验时间：2012年11月1日—2013年3月20日。

实验材料：西伯利亚鸢尾、菹草、狐尾藻、伊乐藻和燕麦草。

实验方法：首先将西伯利亚鸢尾、菹草、狐尾藻、伊乐藻和燕麦草移栽至实验室进行培育。实验中将植物培养在圆台形塑料桶内（桶口直径52 cm、桶底直径46 cm、桶高70 cm），用石子固定植物根部。实验用水同样来自徐州工程学院校园中的龙湖湖水，水质相关指标同表3-1。

实验温度：为自然温度，气温-10～4℃，水温3～10℃。

（三）沉水植物菹草净化水体的现场实验

根据区域地理特征及潘安湖湿地公园中的大型水生植物分布特点，结合室内实验结果，选择沉水植物进行现场生态修复实验。将培育好的菹草种植在潘安湖水体中，定期对水质相关指标进行测定，以分析修复效果。

样点布设: A、B、C、D、E 五个监测区 (表 3-2)。

实验时间: 2013 年 4 月 28 日—2014 年 6 月 7 日。

观察时间: 每 5 天对各监测点进行一次监测。

表 3-2　各监测区菹草植株密度

监测区	A 区	B 区	C 区	D 区	E 区
密度 (株 /m²)	100	70	50	40	10

在菹草生长区划分 A、B、C、D、E 五个不同密度区, 首先现场测定采样点的 pH 值、水温、透明度, 再用洗涤干净的聚乙烯瓶采集水样, 并调节水样的 pH 值为 1, 以便实验室分析。

二、结果与分析

(一) 植物对潘安湖湿地沉积物中 N、P 元素及重金属的影响

1. 潘安湖湿地沉积物氮磷分布特征

潘安湖湿地生态系统为采煤塌陷区及人工改造而形成的人工生态系统。湿地沉积物仍为陆地表层塌陷土壤, 沉积物的物理化学特征多为人为干预的结果。根据现场取样表明, 沉积物多为煤矸石, 进而给沉积物采集与分层带来一定的难度。11 个样点中, 1～6 号样点为沙质沉积物, 7～11 号样点为煤矸石而无法采取分层。因此, 本研究对 1～6 号样点沉积物进行分析, 认识不同深度沉积

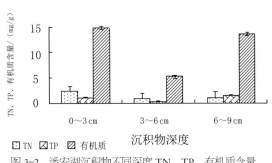

图 3-2　潘安湖沉积物不同深度 TN、TP、有机质含量

物 TN、TP 在人工湿地生态系统中的分布特征, 具体的分析结果如图 3-2 所示。

从图 3-2 可以看出, 不同深度的沉积物中有机质含量均高于 TN、TP 含量, 且有机质的含量在沉积物深度为 3～6 cm 时最低, 0～3 cm, 6～9 cm 时含量高, 造成这一特征应是人为活动对湿地生态系统影响的结果, 比如人为翻动使沉积层上下层序发生改变。而通过对 TN、TP 分析结果可以看出, 0～3 cm 沉积物中 TN 含量最高。TN 含量从表层向下分别为 2.29 mg/g, 0.83 mg/g, 1.1 mg/g。TP 含量从表层向下分别为 1.05 mg/g, 0.26 mg/g, 1.54 mg/g。

2. 潘安湖湿地沉积物重金属分布特征

表层沉积物是上覆水与沉积物元素交换最强烈的区域。而沉积物的表层及其附近的元素的迁移行为既反映了氧化还原条件的变化, 也反映了元素交换过程中吸附作用、耦合作用、协同作用的模式与特征。它是揭示湖泊生态系统中营养盐循环的重要区域, 对认识元素循环和水源保护具有重要价值。

(1) 表层沉积物重金属分布特征

潘安湖沉积物中的重金属含量的分布情况如图 3-3 所示, 从图中可以看出, 潘安湖沉积物中金属元素 Mn 含量最高, 平均为 787.72 mg/kg; Cd 含量最低, 平均为 9.46 μg/kg; Zn 和 Fe 含量分别为

7.29 ～ 8.23 mg/kg，6.07 ～ 23.01mg/kg。

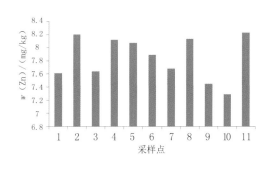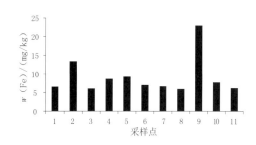

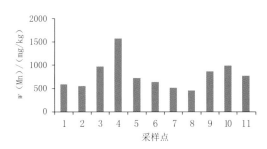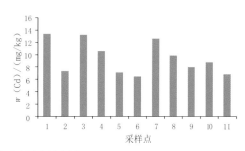

图 3-3　潘安湖沉积物中重金属含量分析

（2）表层沉积物重金属污染评价

表层沉积物中重金属评价采用地积累指数法。地积累指数又称 Muller 指数，是德国海德堡大学沉积物研究所的科学家 Muller 提出的，用于定量评价沉积物中的重金属污染程度。计算公式为

$$I_{\text{geo}}=\log_2\left[C_n/\left(K \cdot B_n \right) \right] \tag{3-1}$$

式中：C_n——实测重金属质量分数，单位为 mg/kg；

B_n——沉积岩中重金属地球化学平均背景值，采用江苏省土壤重金属环境背景值；

K——因背景值波动而设定的常数，$K=1.5$。

依据 I_{geo} 将沉积物重金属污染状况划分为 7 个等级，结果见表 3-3。

表 3-3　重金属污染程度与 I_{geo} 的关系

污染指标	$I_{\text{geo}} \leqslant 0$	$0 < I_{\text{geo}} \leqslant 1$	$1 < I_{\text{geo}} \leqslant 2$	$2 < I_{\text{geo}} \leqslant 3$	$3 < I_{\text{geo}} \leqslant 4$	$4 < I_{\text{geo}} \leqslant 5$	$I_{\text{geo}} > 5$
污染级别	无污染	无污染到中度污染	中度污染	中度污染到强污染	强污染	强污染到极强污染	极强污染

根据地积累指数法计算公式和重金属污染程度与 I_{geo} 的关系，沉积物重金属污染程度分级结果见表 3-4。

结果表明,潘安湖湿地沉积物中 Zn、Cd 元素处于无污染水平;仅有一个点 Mn 元素处于无污染到中度污染水平,其余各点处于无污染水平。

表 3-4　潘安湖湿地沉积物重金属污染地积累指数统计结果

元素	采样个数	最小值	最大值	平均值	平均污染等级
Zn	11	− 3.73	− 3.56	− 3.63	无污染
Cd	11	− 4.30	− 3.25	− 3.80	无污染
Mn	11	− 1.22	0.55	− 0.54	无污染到中度污染

3. 潘安湖有草区与无草区沉积物中重金属含量对比

对有草区和无草区沉积物中 Zn、Fe、Mn、Cd 等重金属含量分析发现(表 3-5),Zn、Fe、Mn、Cd 等元素,各采样点有草区和无草区波动较大,如 Mn,采样点 1 和 4 中有草区 Mn 含量高于无草区,而采样点 2、3 和 5 却表现为无草区高于有草区,这可能与水生植物的种类有很大关系,但总体上无草区重金属含量高于有草区,表明大型水生植物通过植物释氧氧化、吸附、吸收,进一步促进了矿质元素的生物地球化学循环,这是有草区重金属含量低于无草区重金属含量的主要原因。

表 3-5　潘安湖有草区与无草区沉积物中重金属含量比较

采样点		w(Zn)/(mg/kg)	w(Fe)/(mg/kg)	w(Mn)/(mg/kg)	w(Cd)/(μg/kg)
1	无草区	7.38	7.84	693.51	8.20
	有草区	7.06	7.25	897.86	10.71
2	无草区	8.23	6.33	655.61	9.08
	有草区	7.66	7.26	524.07	3.69
3	无草区	7.95	14.08	811.43	3.37
	有草区	8.43	8.77	506.58	6.67
4	无草区	8.88	5.16	594.64	4.42
	有草区	8.35	8.91	871.12	3.87
5	无草区	7.92	5.83	874.72	9.13
	有草区	7.32	3.94	733.66	4.94

4. 大型水生植物对潘安湖水体重金属元素的富集效应

表 3-6 是潘安湖湿地水生植物体内重金属含量情况,从中可以看出,总体上,Zn、Mn、Fe 在上述

水生植物的平均含量较高，Cd 在植物体内的含量较低，这种规律与黄亮等对长江流域湖泊的植物研究结果相似。

表 3-6 潘安湖水生植物体内重金属含量 单位：mg/kg

植物类型	植物名称	Zn	Mn	Fe	Cd
沉水植物	菹草	5.54	20.32	6.12	0.0264
	狐尾藻	5.15	50.12	0.59	0.0214
	金鱼藻	4.76	11.33	2.96	0.0174
	伊乐藻	1.51	9.26	4.38	0.0017
挺水植物	西伯利亚鸢尾	1.75	9.28	0.78	0.0119
	燕麦草	2.07	13.3	3.82	0.0112

根据植物特性，沉水植物对重金属元素的富集系数为植物体内重金属含量与其附近水体中重金属含量的比值，而挺水植物则为植物体内重金属含量与其附近水体重金属含量的比值和其与沉积物重金属含量的比值的平均值，具体见表 3-7。

从表 3-7 可以看出，实验区内采用的水生植物对重金属均有一定的富集能力，而且全株均生活在水中的沉水植物比仅根系在水中的挺水植物对重金属元素的富集能力强，与前人的研究结果相似。作为植物正常生长所必需的元素，Zn 在这几种植物体内的含量虽然较高，但其富集系数并不大，在 0.193 ～ 0.472 之间变化；而 Cd 在植物体内的含量很低，但其富集系数最大，为 0.364 ～ 0.989，表明 Cd 非常容易被植物吸收，尤其是菹草、狐尾藻等沉水植物。

表 3-7 潘安湖水生植物体内重金属富集系数

植物类型	植物名称	K_{Zn}	K_{Mn}	K_{Fe}	K_{Cd}
沉水植物	菹草	0.472	0.627	0.114	0.989
	狐尾藻	0.389	0.576	0.080	0.801
	金鱼藻	0.314	0.350	0.105	0.652
	伊乐藻	0.194	0.289	0.098	0.364
挺水植物	西伯利亚鸢尾	0.193	0.286	0.099	0.446
	燕麦草	0.226	0.410	0.071	0.419

（二）秋季沉水植物对水质净化效果研究

1. 沉水植物对水体 COD 的去除效果

大型水生植物介于水—泥、水—气及水—陆界面处，水生植物根系能释放 O_2，促进好氧微生物生长，加速有机物的氧化，加速碳元素的生物地球化学循环。本研究分析了狐尾藻、伊乐藻、金鱼藻三种沉水植物对 COD 的去除效果，如图 3-4 所示，从中可以看出：三种沉水植物均可有效降低水体的 COD，但 COD 的去除率因水生植物类型、生长阶段的不同而存在一定的差异性。

三种沉水植物对 COD 的去除大致可以分为两个阶段。第一阶段为 9 月 5 日—9 月 13 日，COD 的去除速率较高，9 月 13 日狐尾藻、金鱼藻、伊乐藻对 COD 去除率分别为 38.12%，47.30%，44.14%；第二阶段为 9 月 13 日—9 月 19 日，三种沉水植物对 COD 的去除速率趋于平缓，9 月 19 日水中的 COD 质量浓度分别为 12.99 mg/L，14.66 mg/L，13.01 mg/L，COD 去除率分别为 57.24%，51.74%，57.18%。

沉水植物对 COD 的去除分为两个阶段的原因：实验初期，沉水植物从清洁的水环境移栽到污染的水体，植物由于缺乏有机质而对 COD 的吸收较快。经过一段时间后，植物吸收已经较充足，并且由于沉水植物的新陈代谢产物及植物枝叶凋零或老叶分解产生新的有机物质溶入水中，使得 COD 的去除率趋于平缓。

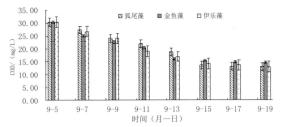

图 3-4　沉水植物作用下水体 COD 质量浓度变化曲线

2. 沉水植物对水体 TN 的去除效果

沉水植物是湖泊生态系统的初级生产者之一，能够对水体中的氮、磷和难降解有机污染物进行吸收、转化，合成自身物质，调节水生态系统物质的循环速度，对富营养化的水体起到净化作用，因此，沉水植物的生态修复是控制水体富营养化的重要环节。狐尾藻、金鱼藻和伊乐藻对 TN 的去除效果如图 3-5 所示。

从图 3-5 可以看出，在沉水植物作用下，水中 TN 质量浓度呈下降趋势。三种沉水植物对 TN 的去除效果存在一定的差异性，具体地说，狐尾藻对 TN 的去除率显著高于金鱼藻和伊乐藻，狐尾藻、金鱼藻和伊乐藻对 TN 的去除率分别为 13.35%，9.26%，8.93%。狐尾藻存在的水体中，TN 质量浓度在实验前期（9 月 5 日—9 月 13 日）缓慢降低，由 9 月 5 日的 2.420 mg/L 下降到 9 月 13 日的 2.294 mg/L，实验后期 TN 质量浓度快速降低，至 9 月 19 日 TN 质量浓度降为 2.096 mg/L。伊

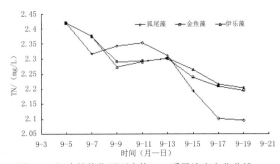

图 3-5　沉水植物作用下水体 TN 质量浓度变化曲线

乐藻、金鱼藻对 TN 的去除作用类似，实验前期 TN 质量浓度下降较快，后期下降缓慢。

由于沉水植物在生长过程中吸收水中溶解性的氮，另外，根系微生物对水体中的氮也具有降解作用，导致水体中氮元素的减少；而且植物生长过程中，水中颗粒态的氮随着泥沙、生物残体、浮游植物等的吸附、沉淀作用沉降到植物表面而以沉降吸附的方式去除，上述作用均可使水体中的氮减少。

3. 沉水植物对水体色度的影响

色度是水质的外观指标。从图3-6中可以看出，狐尾藻、金鱼藻和伊乐藻对色度的去除效果较好，并表现出相似的变化规律，实验第6天时，色度的去除率达到最大，随后色度基本稳定在20～30度，狐尾藻、金鱼藻和伊乐藻作用下色度的最终去除率分别达到71.43%，64.43%，64.29%。

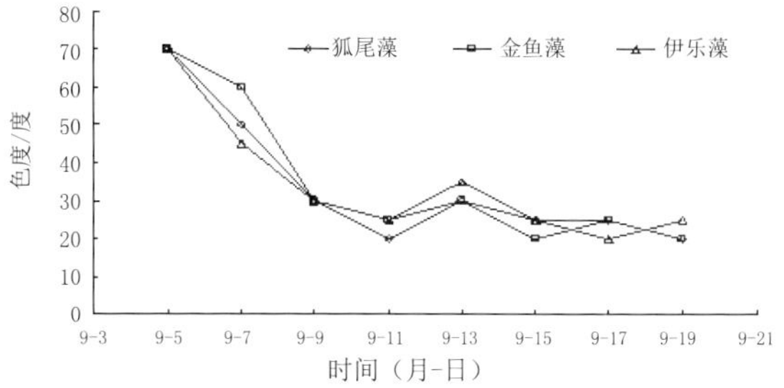

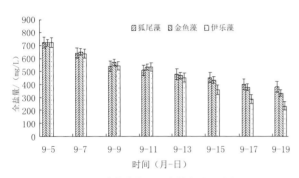

图3-6 沉水植物作用下水体色度的变化

4. 沉水植物对水体中全盐量的影响

图3-7是沉水植物作用下水体全盐量的变化情况，从中可以看出狐尾藻、金鱼藻和伊乐藻对水体金属离子的去除效率均呈明显的下降趋势，狐尾藻对全盐量的去除速率较缓慢，去除率为47.09%；金鱼藻对全盐量的去除能力相对较强，去除率为54.01%；伊乐藻对全盐量的去除能力最强，全盐量去除率为67.73%。

5. 沉水植物对水体pH值的影响

沉水植物通过光合作用和呼吸作用使得水体的pH值、溶解氧等因子发生改变，并参与水体中大量营养物质的循环。

从图3-8可以看出，三种沉水植物生长过程中，生长初期水体上覆水呈现出酸性（pH值小于7），随着时间的推移，沉水植物能够使水质的pH值增大，且水体的pH值逐渐趋于弱碱化程度，狐尾藻、金鱼藻、伊乐藻最终使水体的pH值从6.0增高为8.4，8.6和8.5。沉水植物因其根、茎、叶完全沉没于水中，在白天光照充足时，会因其强烈的光合作用消耗水中的CO_2，当光合作用大于呼吸作用时，沉水植物可以利用水体的HCO_3^-作为底物进行光合作用，对水体中无机碳的消耗量较大，导致水体pH值升高。

图3-7 沉水植物作用下水体全盐量的变化

（三）冬季水生植物对水体净化效果研究

1. 水生植物对水体TN的去除

实验期间，西伯利亚鸢尾对总氮的去除率较高，达到1.67%～7.30%；燕麦草次之，其去除效率在11月达到最大值7.86%；伊乐藻、狐尾藻的去除效率基本一致，为1.47%～6.70%；菹草的去除

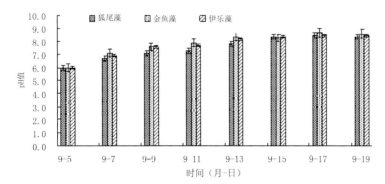

图3-8 沉水植物作用下水体pH的变化

率在实验期间的波动最大，在1月去除效率最低（1.03%），而在其他季节又表现出较好的去除率（平均为7.71%）。总体上来说，不同水生植物去除总氮的能力依次为西伯利亚鸢尾＞燕麦草＞伊乐藻＞狐尾藻＞菹草（图3-9）。不同月份水生植物对TN的去除效果变化较大，2012年11月、2013年3月TN去除率较高，不同月份水生植物对TN的去除效果表现为2012年11月（7.19%）＞2013年3月（4.97%）＞2013年2月（2.17%）＞2012年12月（1.83%）＞2013年1月（1.47%）（图3-10）。

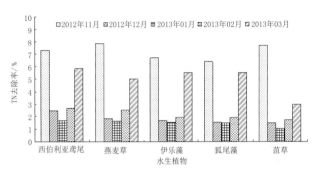

图3-9　不同类型水生植物对TN的去除效果

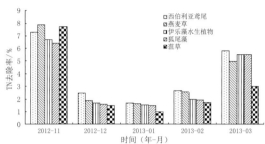

图3-10　不同月份水生植物去除TN的变化

2. 不同水生植物对水体TP的去除效果

磷元素是植物生长的必要元素之一，也是湖泊生态系统的限制因子。水体TP的去除，一方面以植物吸收可给性磷的形式去除，另一方面以磷酸盐沉降吸附在基质上的形式被去除。从图3-11可以看出，燕麦草对水体TP平均去除率最高，其次是伊乐藻、西伯利亚鸢尾，再次是狐尾藻，最差的是菹草。不同生长阶段，水生植物对TP的去除效果也各不相同，比如2012年11月不同水生植物对TP的去除率由高到低依次为伊乐藻（8.75%）＞燕麦草（8.35%）＞菹草（8.09%）＞狐尾藻（7.63%）＞西伯利亚鸢尾（7.42%），而2013年1月去除率由高到低却为燕麦草（4.76%）＞西伯利亚鸢尾（3.89%）＞伊乐藻（3.44%）＞狐尾藻（1.98%）＞菹草（1.33%）。图3-12为不同月份水生植物去除TP的变化，结果表明不同月份水生植物对TP的去除效果表现出相似的变化规律，TP的去除率表现为2012年11月＞2013年3月＞2013年2月＞2012年12月＞2013年1月，不同的是，西伯利亚鸢尾和燕麦草在总磷去除过程中总体表现较为稳定，受月份影响较小。

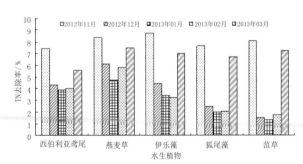

图3-11　不同类型水生植物对TP的去除效果

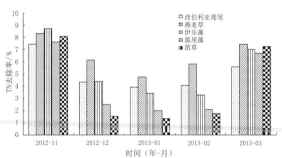

图3-12　不同月份水生植物去除TP的变化

（四）冬季沉水植物菹草的净化能力

1. 菹草对 TN 吸收净化特征分析

水中 TN 分析结果见图 3-13，从图可知，水中 TN 含量在菹草的死亡期时最高，繁殖期次之，枯萎期最低，水中 TN 含量整体变化特征整体呈现"U"形，即 5 月为菹草的繁殖期，对水中 TN 吸收逐渐加强，当菹草到枯萎期时，菹草吸对 TN 吸收不仅减弱，而且植株腐烂，部分氮元素也溶入水中，从而水中 TN 含量整体变化特征整体呈现"U"形。

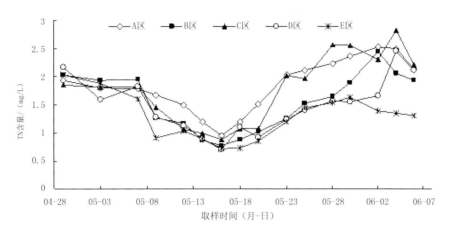

图 3-13　潘安湖现场试验水体中 TN 含量时间变化

从菹草密度分析可知，A 区 100 株 /m²，B 区 70 株 /m²，C 区 50 株 /m²，D 区 40 株 /m²，E 区 10 株 /m²，而水体中 TN 含量为：

繁殖期：D 区＞ E 区＞ B 区＞ A 区＞ C 区；

枯萎期：A 区＞ C 区＞ B 区＞ D 区＞ E 区；

死亡期：C 区＞ A 区＞ D 区＞ B 区＞ E 区。

不同菹草密度在繁殖期、枯萎期、死亡期对水体中 TN 的影响不同，繁殖期 D 区水体中 TN 含量最高，而 E 区次之，但是均高于 B 区、A 区、C 区；氮元素为植物生长所需的大量元素之一，说明菹草繁殖期需要补充大量营养，是造成菹草繁殖期 TN 含量 D 区＞ E 区＞ B 区＞ A 区＞ C 区的主要原因，与植物繁殖期需要大量营养理论相一致。

枯萎期、死亡期，菹草逐渐死亡了，对氮元素需求由大量需要，到零需要，故形成了 A 区、C 区水体中 TN 含量高于 B 区、E 区、D 区的实验结果。

2. 菹草对 NH_4^+-N 吸收净化特征分析

水中 NH_4^+-N 分析结果见图 3-14，从中可以看出，菹草的生长阶段和菹草密度对 NH_4^+-N 的作用具有一定的差异性。随着菹草不同的生长期，水中 NH_4^+-N 含量在菹草的死亡期时最高，繁殖期次之，枯萎期最低，水中 NH_4^+-N 含量整体变化特征呈现"U"形，即 5 月为菹草的繁殖期，对水中 NH_4^+-N 吸收逐渐加强，当菹草到枯萎期时，菹草吸对 NH_4^+-N 吸收不仅减弱，而且植株腐烂，部分氮元素也溶入水中，也就是 NH_4^+-N 溶入水体，增加了水体中 NH_4^+-N 的含量，从而水中 NH_4^+-N 的含量变化特征整体呈现"U"形，此特征与菹草对 TN 吸收特征基本相一致。

4月至6月，菹草从繁殖期到枯萎期再到死亡期，从菹草密度分析可知，A区100株/m²，B区70株/m²，C区50株/m²，D区40株/m²，E区10株/m²，而水体中NH_4^+-N含量为：

繁殖期：D区＞B区＞E区＞A区＞C区；

枯萎期：A区＞D区＞C区＞B区＞E区；

死亡期：C区＞D区＞A区＞B区＞E区。

植物对氮的吸收主要以NH_4^+-N为主，且氮元素为植物生长所需的大量元素之一。植物繁殖阶段也是植物大量吸收营养元素阶段，因此，该阶段菹草对NH_4^+-N的吸收与植物个体生物量呈正相关，在水中菹草密度合理的情况下，植株密度越大，对NH_4^+-N的吸收量也越大，而在菹草的繁殖期，水体中的NH_4^+-N含量：D区＞B区＞E区＞A区＞C区，是否与生物量有一定的关系，仍需要进一步分析。

衰弱期、死亡期，菹草逐渐死亡了，对氮元素NH_4^+-N的需求由大量需要到零需要，再到腐烂阶段增加水体氮元素内源负荷，理论上应为密度大的区域、生物量大的区域$NH4^+-N$含量高，本研究与理论上有一定的出入。是否是因为本研究区域密度与生物量成正比？6月为大多数植物生物旺盛期，是否是因为游离的NH_4^+-N已被其他生物所吸收？这些有待于进一步研究。

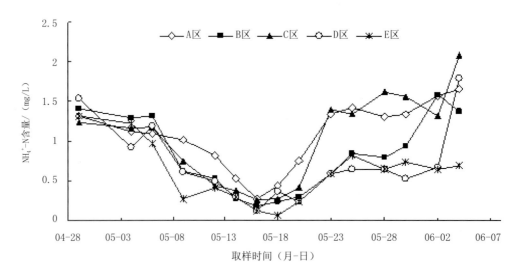

图 3-14　潘安湖现场实验水体中 NH_4^+-N 含量时间变化

3. 菹草对 NO_3^--N 吸收净化特征分析

图 3-15 表明：4月至6月，菹草从生长繁殖期至枯萎期再到死亡期。该三个阶段中水体中 NO_3^--N 仅在5月18日最低，该阶段是菹草繁殖期向枯萎期过渡阶段，也是植物获得了最大营养后，过渡到枯萎期和死亡期，是植物对 NO_3^--N 最大需求量向零需求量再到 NO_3^--N 溶于水体的变化阶段。

在湿润、温暖、通气良好的土壤中，氮的存在形态以 NO_3^--N 为主。NO_3^--N 一旦进入植株，就利用光合作用提供的能量还原为 NH_4^+-N。不同生长期水体中 NO_3^--N 含量为

繁殖期：A区＞D区＞E区＞C区＞B区；

枯萎期：A区＞E区＞C区＞B区＞D区；

死亡期：D区＞C区＞A区＞E区＞B区。

繁殖期与枯萎期，菹草的生长势及其生长过程对 NO_3^--N 的作用也呈现了先吸收后释放的过程。分析 B 区数据可得，实验开始时 NO_3^--N 含量为 0.116 mg/L，5 月 16 日 NO_3^--N 最低含量为 0.083 mg/L，吸收量为 28.45%。菹草在衰弱期，其分布密度越大对水体中 NO_3^--N 的吸收速率就越大。密度小的吸收和释放速率均会减小，也可以说，菹草分布密度水体中 NO_3^--N 的吸收速率呈反比趋势，但也可以看出，菹草密度小，其衰败死亡时间会延长。但是不同分布密度对水体中 NO_3^--N 的吸收量差别不大，整体均呈现出繁殖期对氮元素及不同形态氮的吸收量最大。

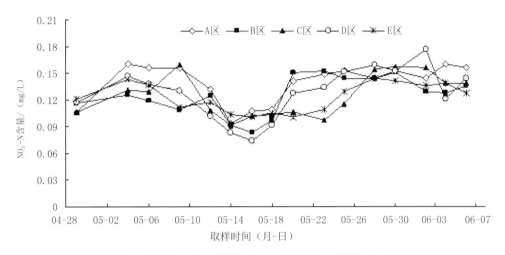

图 3-15　潘安湖现场试验水体中 NO_3^--N 含量时间变化

三. 小结

本研究以采煤塌陷区潘安湖人工湿地生态系统的生态修复为研究对象，通过野外调查与室内实验相结合，分析了潘安湖湿地生态系统中的上覆水、沉积物中氮、磷、重金属元素及 COD 物理化学指标，探讨了不同种类、不同生长期的大型水生植物对湿地生态系统的生态修复过程中对氮、磷元素的作用特征，并形成以下结论。

（一）植物对潘安湖湿地沉积物中 N、P 元素及重金属的影响

对潘安湖沉积物和上覆水中的 Zn、Fe、Mn、Cd 等重金属含量的分析表明，水生植物对重金属有较强的富集吸附能力，沉积物中的重金属一部分转移到上覆水中，而大部分被水生植物等吸收富集。

（二）植物净化水体能力室内实验研究

春季菹草对水体中各形态氮呈现先吸收后释放的作用过程，其中对 NH_4^+-N 的吸收率最大，达到86.86%，同时 NH_4^+-N 的释放量也最大，达 361.09%，而对水体中 NO_3^--N 的吸收率和释放量均最小。

秋季狐尾藻、金鱼藻和伊乐藻对水质均有净化作用，但是净化效果不同，狐尾藻和伊乐藻对 COD 去除效果较好，去除率分别为 57.24% 和 57.18%，对总氮的去除效果以狐尾藻较好，为 13.35%；狐尾藻和金鱼藻对色度有一定的影响；全盐量的去除效果最好的是伊乐藻，为 67.73%。

冬季西伯利亚鸢尾、菹草、狐尾藻、伊乐藻、燕麦草对总氮的去除效果依次为西伯利亚鸢尾＞燕麦草＞伊乐藻＞狐尾藻＞菹草，而对总磷的去除效果总体表现为燕麦草＞伊乐藻＞西伯利亚鸢尾＞狐尾藻＞菹草。

筛选出菹草、狐尾藻、伊乐藻、西伯利亚鸢尾、燕麦草等是适用于潘安湖湿地生态修复较好的水生植物种类。

（三）沉水植物菹草净化水体现场试验研究

菹草不同生长时期对氮元素的吸收作用存在一定差异性，6月份菹草生长期对氮元素吸收净化效果最好。

第二节　潘安湖湿地公园滨岸缓冲带植物的净化能力研究

滨岸缓冲带是指位于水域和陆域之间的生态过渡带，是利用永久性植物群落截留污染物的条带状、受保护的土地，具有明显的边缘效应。特殊的地理位置决定着滨岸缓冲带具有水分多、土壤肥力高、空气湿度大等优点，为生物生存提供了良好的条件。植物群落除了起到绿化、美观的效果外，还可对地表径流、地下渗流所携带的污染物质在进入水体之前进行过滤、净化，减少甚至割断污染源与接纳水体之间的联系，形成阻碍污染物质进入水体的生态障碍，从而起到降低水体富营养化程度、改善河湖水质的作用。

根据空间层面的不同，滨岸缓冲带在空间结构上一般分为三个区域：A区、B区、C区（图3-16）。A区靠近堤岸，主要以灌木、乔木等植物为主，这些植物利用其发达的根系，吸收氮、磷等营养元素，还能够固土，保

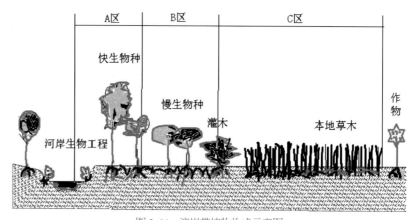

图3-16　滨岸带植物构成示意图

持堤岸稳定性；B区是缓冲带的中间过渡区，以高大落叶乔木、常绿乔木和矮生灌木为主，能够为水生食物链中昆虫类生物提供食物和栖息场所；C区是缓冲带与陆地的过渡区，主要以草本类植被为主，能够过滤和吸收地表径流中的氮、磷等营养盐和污染物质，有效减少径流水体中的污染物。

植被是滨岸缓冲带发挥作用的重要因素，通过植被各种生理作用，可去除污染物，同时截留作用能够有效地减缓径流流速，保护河岸。然而，不同植物群落缓冲带的作用有所不同，针对不同地域、生境的滨岸缓冲带，要根据具体的自然地理条件、景观功能，并结合当地的气候、土地利用状况、本土植物等，综合考虑，筛选适宜的植物种类。

研究表明，传统滨岸缓冲带截留悬浮物（SS）和削减氮、磷等污染物的作用主要发生在前端草皮缓冲带，这是由于草本植被具有生长旺盛、覆盖于地表等优点，能有效地滞缓径流，截留、降解和吸收地表径流污染物。

因而，对于滨岸缓冲带截留面源污染而言，效果的好坏关键在于前端的草本植被缓冲区。

坡度是决定滨岸缓冲带净化能力的另一重要因素，坡度越大，地表径流水流流速越快，流经缓冲带的时间也越短，使得去除地表径流中养分的效率也越低。一般来说，考虑缓冲带对径流水中 SS 及 N、P 等溶解物质的吸附和吸收效果，滨岸缓冲带的坡度控制在 15% 以内，这是由于当坡度大于 15% 时，水流流经缓冲带后，很难保证水流维持均匀片流状态。

鉴于以上因素，本研究以滨岸缓冲带中草皮缓冲带的植物配置及坡度为重点，研究滨岸缓冲带的水体净化能力。

一、材料与方法

（一）实验装置

依据缓冲带结构、功能以及实验的目的，实验装置进行如下模拟设计：实验装置前端设置配水板，后端设置用于收集径流水的集水槽，实验装置还包括实验槽（含草皮和基质的缓冲带），实验槽长 1.5 m，宽 0.5 m，高 0.3 m，配水板长 0.15 m，具体见图 3-17。实验槽置于砌好的砖块之上，设置 3%，5% 和 7% 三个坡度，实验装置为木质材料，实验时在实验槽内铺上塑料膜以保证不漏水。实验装置放于徐州工程学院实验温室大棚内，温室内湿度适宜、阳光充足，有利于植物的生长。

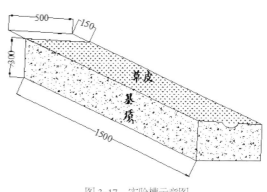

图 3-17　实验槽示意图

（二）基质选取与植被配置

为排除土壤对氮磷稀释、扩散以及微生物的联合作用，室内模拟实验选择经去离子水清洗的沙子作为基质。为了植被能够较好地适应环境，选取徐州地区常见野生植物作为实验植被——白三叶、高羊茅、黑麦草 3 种植物进行不同方式栽种，包括单一栽种、混合栽种。选择白三叶进行单一栽种，设置 3 个生物量梯度，混合栽种配置方式见图 3-18，其中 A 系列所表示的坡度为 3%，B 为 5%，C 为 7%；I，II，III 表示栽种方式，I 为均匀混种，II 为等距垂直间种，III 为平行间种。

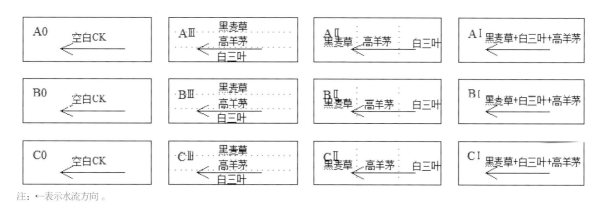

注：←表示水流方向。

图 3-18　植物配置示意图

（三）实验方法

采用碳酸氢铵、过磷酸钙等配制的全营养液模拟地表径流污染中的氮、磷污染物。于 2011 年 5 月进行白三叶单种模拟实验，待植物在实验装置中正常生长后，实验装置以 1.16 mL/min 的流速连续进全营养液（24 h 不间断）。两天采一次样，连续采集三次，视为第一批采样，在第一次采样时，记录下生物量。植物生长一周后（期间不加营养液，正常灌溉），进行第二批实验，水样和生物量的采集步骤同第一批。混种植被模拟滨岸带于 2011 年 6 月进行，实验方法与单种白三叶一致，进行两批共六次采样。实验完成后，待混栽植被不加营养液生长两个月后于 2011 年 9 月进行一批共三次实验，与单种白三叶第一批实验一致。

监测对象包括径流水和植物生物量，径流水收集末端出水（1.5 m 处），测定总氮、氨氮、硝酸氮、总磷、磷酸盐等指标；植物生物量包括地上部分和地下部分，测定鲜重和干重。

二、 结果与分析

（一）白三叶单种方式的缓冲带净化效果

1. 植物生长状况

将野外白三叶移至室内实验装置 1 周后，恢复正常生长状态，随着周期的延长，白三叶生长愈发旺盛，呈现出鲜绿色，而全营养液的不断加入至饱和便出现腥味并且变绿，部分植物叶面发黄。整个实验过程中，白三叶各组织均呈明显的增长，具体生长变化和生物量分别见图 3-19 和表 3-8。

（a）　　　　　　　　　　（b）　　　　　　　　　　（c）

（d）　　　　　　　　　　（e）

图 3-19　白三叶生长变化

表 3-8　不同坡度下的白三叶生物量

	第一批样（2011 年 5 月 8 日）					第二批样（2011 年 5 月 20 日）				
	鲜重 /（kg/m²）		干重 /（kg/m²）		含水率 / %	鲜重 /（kg/m²）		干重 /（kg/m²）		含水率 / %
	地上部分	地下部分	地上部分	地下部分		地上部分	地下部分	地上部分	地下部分	
A I	0.644	0.214	0.093	0.038	84.81	0.713	0.263	0.095	0.042	86.00
A II	0.903	0.288	0.124	0.052	85.30	1.016	0.376	0.127	0.055	86.89
A III	1.134	0.400	0.155	0.075	85.05	1.256	0.498	0.168	0.080	85.86
B I	0.717	0.232	0.100	0.043	84.91	0.799	0.287	0.106	0.047	85.96
B II	0.887	0.286	0.131	0.053	84.31	0.986	0.357	0.131	0.057	86.03
B III	1.173	0.395	0.155	0.074	85.38	1.293	0.492	0.173	0.081	85.74
C I	0.728	0.236	0.104	0.040	85.10	0.810	0.291	0.109	0.047	85.76
C II	0.952	0.357	0.136	0.064	84.77	1.050	0.424	0.142	0.062	86.16
C III	1.154	0.419	0.153	0.080	85.21	1.273	0.513	0.172	0.084	85.68

由表 3-8 可以看出，地上部分生物量约是地下部分的 2.7 倍，含水率约为 85%，并且随实验周期的延长，同一实验装置内的白三叶地上生物量和地下生物量均呈增加趋势。对生长速率进行分析发现，白三叶地上生物量鲜重的日均增长速率在 5.31 ～ 9.38 g/m² 波动，地下部分则在 3.77 ～ 7.54 g/m² 波动，且地上生物量均高于对应的地下部分。这是由于白三叶是一种光依赖性很强的植物，在实验期间，温室大棚内阳光充沛，太阳辐射强度显著影响其生长速率。

2. 径流磷的去除效率分析

为研究不同坡度下白三叶滨岸带径流总磷去除效果，在 TP 进水浓度为 30.95 mg/L 的情况下，对不同生物量实验数据取平均值进行分析。由于坡度对空白组（CK）的影响差别极小，故 CK 取三个坡度平均值，得出不同坡度的 TP 随取样时间迁移浓度和去除率变化示意图（图 3-20）。由图 3-20 可以看出，在相同条件下不同坡度的白三叶缓冲带去除 TP 效果为坡度 3% ＞坡度 5% ＞坡度 7% ＞ CK。其中，坡度为 3% 的白三叶缓冲带 TP 的去除率为 28.7% ～ 38.02%，平均去除率为 34.41%；坡度为 5% 的去除率则为 23.47% ～ 34.91%，平均值为 30.97%；坡度为 7% 的去除率为 22.33% ～ 30.27%，平均值为 27.69%。通过相关性分析发现，TP 去除率与模拟滨岸带坡度成正相关。

坡度为 3% 的模拟缓冲带由于坡度较小，污水从进水到出水径流所停留的时间较长，植物有较长的时间充分吸收污染物，故除磷效果较好。随着营养液不断进入，TP 去除率呈增长趋势，到一定程度后保持稳定状态，与前人研究成果一致。这主要是由于随着实验的进行，白三叶生长逐渐进入衰败期后，体内磷有可能会转移到水体和基质中，造成后期去除效果持稳定状态甚至变差。另外，随着径流的搬运，原本富集磷的表层基质中磷的含量降低，使得径流与基质的磷交换作用逐渐趋于平衡，径流中磷逐渐稳定。

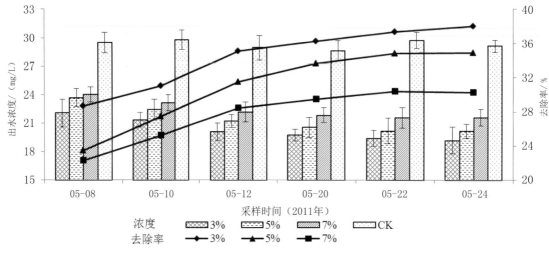

图 3-20　白三叶缓冲带径流 TP 出水浓度及去除率

对可溶性磷酸盐数据进行与 TP 相同处理后，得出如图 3-21 所示的结果，其中进水浓度为 24.76mg/L。由图可以看出，在同一时间段中模拟滨岸缓冲带不同坡度下去除磷酸盐效果为坡度 3% ＞坡度 5% ＞坡度 7% ＞ CK，且随时间推移，去除效果越好，到一定时期时便保持稳定状态，与 TP 去除结果一致。另外，分析发现坡度与可溶性磷酸盐去除率存在正相关性。

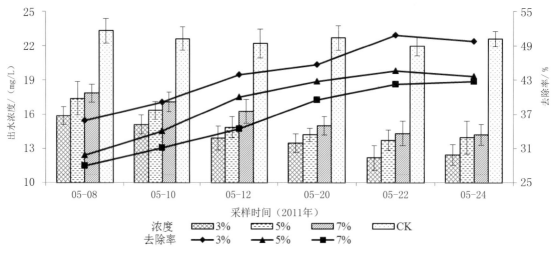

图 3-21　白三叶缓冲带径流可溶性磷酸盐出水浓度及去除率

由图 3-21 可以看出，可溶性磷酸盐去除效果均优于对应的 TP 去除效果。这是由于在营养液径流过程中，可溶性磷酸盐主要被白三叶根系所吸收，用来合成核酸、核苷酸、磷脂和糖磷酸酯等细胞成分，造成在径流末端可溶性磷酸盐占总磷的比例远远低于进水时。由此可以推出，在径流过程中，磷主要以颗粒态形式流失，这与已有研究结论一致。由于受实验周期较短和实验装置较小等限制，还不能从时间和空间上得出颗粒态磷的迁移规律。

3. 径流氮的去除效率分析

为研究不同坡度下白三叶滨岸带径流总氮去除效果，在 TN 进水浓度为 121.04 mg/L 情况下，对不同生物量试验数据取平均值进行分析，得出随时间推移不同坡度 TN 的浓度和去除率变化示意图，如图 3-22 所示。

从图 3-22 可以看出，在相同条件下，不同坡度的白三叶缓冲带去除 TN 效果为坡度 3% ＞坡度 5% ＞坡度 7% ＞ CK，同时去除效果随时间迁移规律也与除磷一致。其中，坡度为 3% 的白三叶缓冲带 TN 的去除率为 29.37% ～ 41.37%，平均去除率为 36.97%；坡度为 5% 的 TN 去除率则为 25.42% ～ 38.85%，平均值为 33.21%；坡度为 7% 的 TN 去除率为 21.75% ～ 36.27%，平均值为 29.7%。另外，进行分析得出坡度与 TN 去除率成正相关。

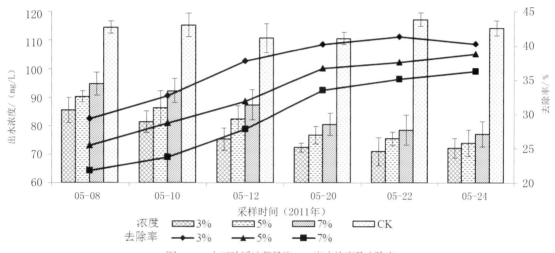

图 3-22　白三叶缓冲带径流 TN 出水浓度及去除率

由图 3-20、图 3-22 得出白三叶滨岸带 TN 去除率高于 TP，一方面是由于 TN 进水浓度较高，更易于被植物体吸收；另一方面则是营养液截留机制的不同，缓冲带对氮截留机制主要是植物同化吸收和微生物反硝化，径流 TN 去除的主要贡献来自白三叶的同化吸收。虽然本实验选择的基质沙子很难与植物根部形成根际微生物，但是仍会形成少量的气态氮释放出来。而对于 TP 而言，在基质饱和状态下，主要依靠植物吸收进行去除。鉴于氮在水体中主要以 NH_4^+-N、NO_3^--N 等形态存在，这里将就不同形态离子氮的去除效果进行分析。

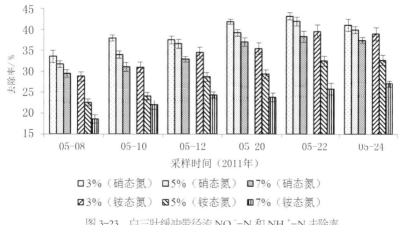

图 3-23　白三叶缓冲带径流 NO_3^--N 和 NH_4^+-N 去除率

图 3-23 表示的是白三叶缓冲带径流 NO_3^--N 和 NH_4^+-N 随时间推移去除变化图，其中 NO_3^--N 进水浓度为 108.936 mg/L，NH_4^+-N 为 12.104 mg/L。

从图 3-23 可以看出，不同坡度下的模拟滨岸缓冲带去除 NO_3^--N 和 NH_4^+-N 效果均为坡度 3% ＞坡度 5% ＞坡度 7%，与 TN 去除结果一致。由 NO_3^--N 和 NH_4^+-N 随时间迁移规律发现：初始时，NO_3^--N 随全营养液的不断加入和植物生长，去除率逐渐升高，出水浓度不断降低，到后期便出现去除率明显下降现象，与 TN 变化趋势并不一致；而 NH4+-N 去除率则是随实验的进行，稳步提高，与 TN 变化趋势保持一致。可见，两种离子氮的迁移特征存在差异，这是由不同的迁移方式所决定的。

NO_3^--N 主要以淋溶方式迁移，而 NH_4^+-N 主要随地表径流迁移。由于地表径流的汇集比较快，在实验前期，硝态氮易渗流形成地下水，带负电荷的颗粒物吸附带正电荷的铵态氮使其随地表径流流出。随着时间的推移，基质水分充分饱和，地表径流、壤中流和地下水的成分增加。因此在实验后期，铵态氮的浓度逐渐降低，而硝态氮则逐步升高。另外，铵态氮随径流迁移过程中，会逐渐转化为硝态氮，这也是实验后期铵态氮去除率稳步提高，而硝态氮去除率明显降低的原因。

进行相关性分析，发现模拟实验 NO_3^--N 和 NH_4^+-N 去除效果与坡度均成正相关。通过方差分析（表 3-9）可以看出，坡度对 NH_4^+-N 去除效果的影响更加显著，即随坡度加大，径流 NH_4^+-N 浓度明显增加。这主要是由于坡度变大后，有利于冲刷作用，进而造成径流中悬浮物浓度增加。另外，NH_4^+-N 易于吸附在悬浮颗粒表面，使径流中 NH_4^+-N 浓度受坡度影响更为显著。

表 3-9　NO_3^--N 和 NO_3^--N 与坡度间单因素方差分析结果

指标		SS	DF	MS	F	显著性
NO_3^--N	组之间	0.007	2	0.004		
	组内	0.021	15	0.001	2.637	0.104
	总计	0.028	17			
NH_4^+-N	组之间	0.037	2	0.019		
	组内	0.022	15	0.001	12.385	0.001
	总计	0.060	17			

注：SS 为离均差平方和；DF 为自由度；MS 为均方；F 为统计量。

（二）三种植被混栽方式的缓冲带净化效果

1. 植物生长状况

将野外白三叶、黑麦草和高羊茅移至室内实验装置一周后，不同混合栽种方式的植被恢复正常生长状态。随着全营养液的不断加入，黑麦草叶片一直处于饱满、色泽鲜亮状态，白三叶生长由旺盛逐渐出现部分叶片发黄现象，而高羊茅叶片出现不同程度的干枯。整个实验过程中，三种植被各组织均有显著增长。在混栽植被正常生长两个月后发现，白三叶几乎全部死亡，黑麦草处于休眠状态，高羊茅叶片处于生长旺盛状态。不同混合栽种方式模拟装置中植被的生长变化和生物量分别见图 3-24 和图 3-25。

2011 年 6 月 14 日

2011 年 6 月 26 日

2011 年 9 月 1 日

图 3-24　混栽植被生长变化图

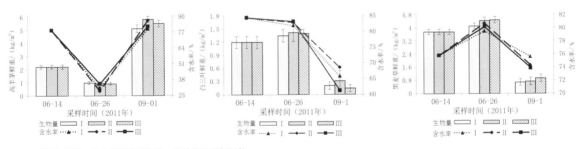

注：I 为均匀混种，II 为等距垂直间种，III 为等距平行间种。

图 3-25　不同栽种方式下三种植被生物量

由图 3-25 可以看出，在不同栽种方式下，相同时期的同一植被的生物量没有显著差异，但随时间的推移，三种植被生物量变化趋势不同。其中，在 6 月，不同栽种方式中的白三叶鲜重均值由 1.194 kg/m² 增加至 1.384 kg/m²，而经两个月生长后，降低为 0.22 kg/m²，含水率也由 84.29% 稳定到 82.59%，最后降至 65.22%。黑麦草鲜重均值由 3.734 kg/m² 升至 4.318 kg/m²，继而降至 0.782 kg/m²，含水率则从 75.78% 增至 80.07%，再到 74.55%。高羊茅鲜重均值由 2.177 kg/m² 急剧降至 0.924 kg/m²，经两个月生长后，又增加到 5.422 kg/m²，含水率也随之从 78.47% 减少到 31.62%，再升高至 82.45%。由此可得，植被含水率变化趋势与鲜重变化基本一致，这也与前文中植被表观生长的变化规律一致。

2. 径流磷的去除效率分析

为研究不同坡度下不同混合栽种滨岸带径流总磷去除效果，在 TP 进水浓度为 30.95 mg/L 的情况下，得出不同坡度的 TP 随取样时间推移浓度和去除率变化示意图（图 3-26）。由图 3-26 可以看出，在相同栽种方式下不同坡度缓冲带径流去除 TP 效果为坡度 3% ＞坡度 5% ＞坡度 7% ＞ CK，呈显著差异，并且随时间迁移去除率均有所增加，与单种白三叶模拟实验一致。

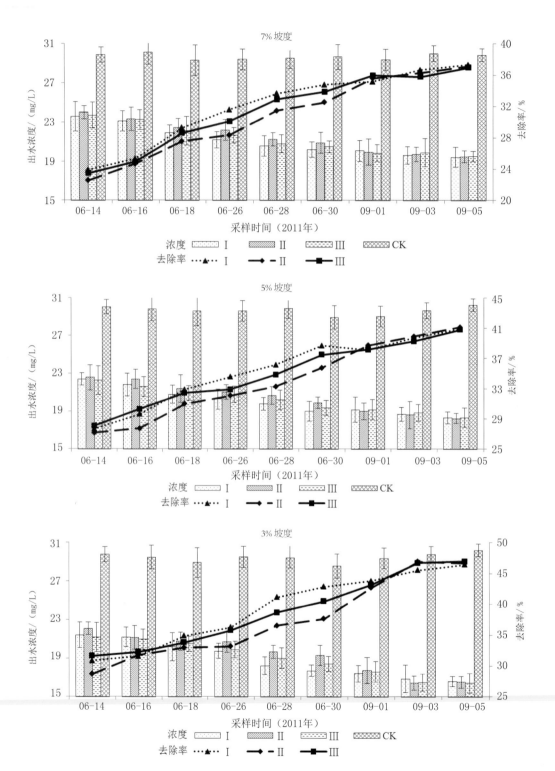

注：Ⅰ为均匀混种；Ⅱ为等距垂直间种；Ⅲ为等距平行间种。

图 3-26　不同坡度下不同混合栽种方式径流 TP 出水浓度及去除率

另外，在 6 月份前三次采样中，不同混合栽种方式去除 TP 效果差异不大，总的来说是等距垂直间种方式去除效果最差；后三次呈现出显著差异：均匀混种＞等距平行间种＞等距垂直间种。9 月份的三次采样监测结果表明，三种方式截留 TP 效率趋于接近。鉴于 3% 坡度下去除 TP 效果最优，这里主要对 3% 坡度的不同混合栽种方式截留 TP 进行分析。

3% 坡度下的均匀混种的径流去除 TP 效率在前六次采样中由 30.84% 增至 42.85%，平均去除率为 36.26%，两个月后为 43.79% ～ 46.41%，平均去除率为 45.25%；等距垂直间种的径流去除 TP 效率在 6 月份采样中由 28.65% 升到 37.65%，平均率为 33.44%，后三次则为 42.68% ～ 46.91%，平均去除率是 45.41%；等距平行间种的去除 TP 效率前六次则在 31.62% ～ 40.48% 范围内递增，平均去除率为 35.42%，9 月份的三次采样从 43.16% 升到 46.96%。

分析原因：6 月份为实验初期，植被要适应不断进入的高浓度营养液，因而截留效果差异不大；后三次采样中，高羊茅基本处于枯萎状态，发挥作用的主要是白三叶和黑麦草。随着实验的进行，根系发达、生物量大的黑麦草很快地适应环境，白三叶的茎部呈匍匐状生长，造成植被地上茎部和叶部重叠，地下根部交错、穿插、缠绕，能够很好地截留附着在颗粒中的磷，同时竞争使白三叶所需要的磷远高于无竞争环境。而均匀混合栽种情况下的植被处于完全混合状态，等距平行间种次之，等距垂直间种最末，故这时去除 TP 效果是均匀混种＞等距平行间种＞等距垂直间种。7 月和 8 月后，低矮的白三叶一直处于竞争劣势，并且长时间的 35 ℃以上高温，不耐干热的冷季植物黑麦草基本处于休眠状态，而高羊茅已经完全适应环境并大量繁殖。由于高羊茅地上生物量大并且根部发达，很快便蔓延至整个装置，故三种方式滨岸带截留效果趋近相同。

对可溶性磷酸盐进行与 TP 相同处理后（图 3-27），其中进水浓度为 24.76 mg/L。由图 3-27 可知，在相同栽种方式下，不同坡度缓冲带径流去除可溶性磷酸盐效果为坡度 3% ＞坡度 5% ＞坡度 7% ＞ CK，呈显著差异，并且随时间迁移去除率均有所增加。此外相同条件下截留效果优于 TP，与单种白三叶模拟滨岸带一致。从图 3-27 可以看出，在 6 月份前三次采样中，不同混合栽种方式去除可溶性磷酸盐效果差异不大，后三次则为均匀混种＞等距平行间种＞等距垂直间种；根据 9 月份的监测结果，可发现三种方式去除可溶性磷酸盐效果无显著差异，持稳定波动状态。总的来说，结果与前面所讨论截留 TP 规律一致，这里以 3% 坡度为例进行分析。

均匀混种栽种方式的去除可溶性磷酸盐率最高为 58.03%，出现在 6 月 30 日，此时是黑麦草和白三叶繁殖旺盛期，吸收营养液中的可溶性磷酸盐进行生长代谢。等距平行间种和等距垂直间种的去除最优期是 9 月 1 日，黑麦草和白三叶地上部分均干枯休眠，高羊茅处于竞争优势，经两个月无营养液灌溉后，快速吸收营养液中营养物质进行繁殖。另外，由于高羊茅生物量和径流的有效作用深度等多种因素趋于稳定，实验后期可溶性磷酸盐截留到达饱和状态，出现稳定波动现象。

3. 径流氮的去除效率分析

在 TN 进水浓度为 121.04 mg/L 情况下，得出不同坡度不同混合栽种方式的 TN 随时间推移浓度和去除率变化趋势（图 3-28）。在相同栽种方式下不同坡度的缓冲带径流去除 TN 效率为坡度 3% ＞坡度 5% ＞坡度 7% ＞ CK，呈显著差异，与单种白三叶模拟实验一致。实验初期不同混合栽种方式去除 TN 效果差异不大，随着实验的进行，不同栽种方式去除 TN 效果为：均匀混种＞等距平行间种＞等距垂直间种。而到 9 月份，截留效果均低于 6 月份峰值并且三种方式去除率趋近，这里以 3% 坡度为例进行阐述。

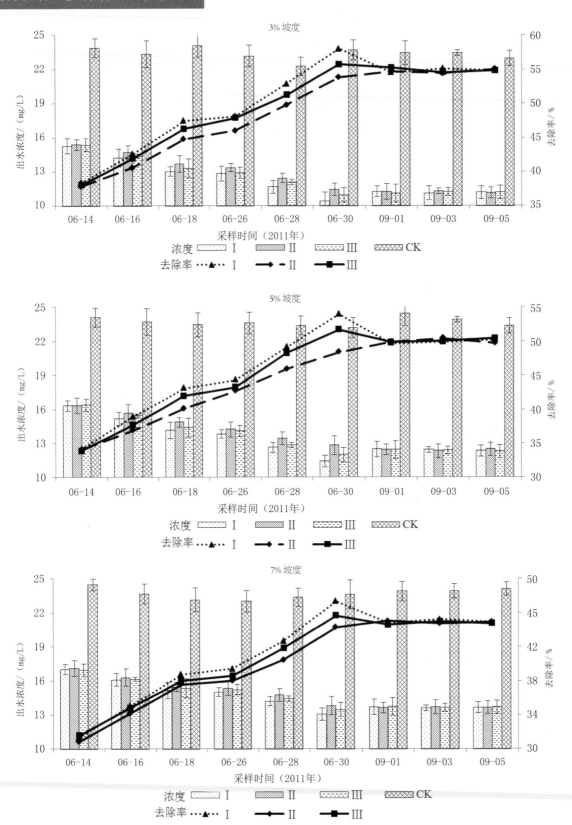

注：Ⅰ为均匀混种；Ⅱ为等距垂直间种；Ⅲ为等距平行间种。

图 3-27　不同坡度下不同混合栽种方式径流可溶性磷酸盐出水浓度及去除率

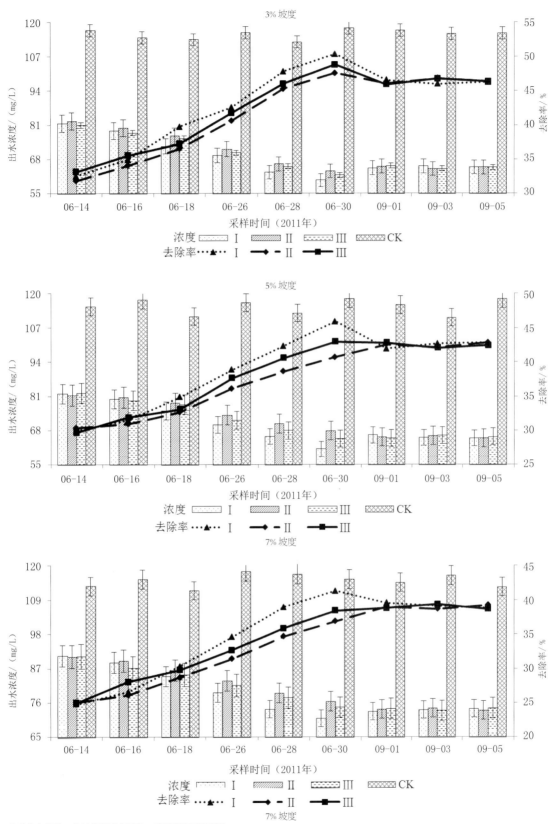

注：Ⅰ为均匀混种；Ⅱ为等距垂直间种；Ⅲ为等距平行间种。

图 3-28　不同坡度下不同混合栽种方式径流 TN 去除率

均匀混种、等距垂直间种、等距平行间种的 TN 去除率最高分别为 50.34%，47.56%，48.78%，均发生在 6 月份的最后一次采样。此前 TN 去除率随实验的进行逐渐增大，此后 9 月份的三次 TN 出水浓度则在 64.5～65.5 mg/L 之间小幅度波动。这是由于 6 月份白三叶和黑麦草作为竞争优势种，豆科植物白三叶固氮作用能够很好地提高黑麦草竞争力，使其较单种时需要更多的氮。而 Ⅰ 栽种方式使两种植物得到完全混合生长，故而去除效果较好。到了 9 月份，高羊茅作为竞争优势种本身生长需要营养氮，而化感作用较强的白三叶所带来效应也会刺激高羊茅的生长，使高羊茅需氮量保持稳定状态。由于营养液中氮主要以 NH_4^+-N、NO_3^--N 等形态存在，图 3-29 表示的是随时间推移不同混种方式的模拟缓冲带径流 NO_3^--N 和 NH_4^+-N 截留的效果，其中 NO_3^--N 进水浓度为 108.936 mg/L，NH_4^+-N 为 12.104 mg/L。

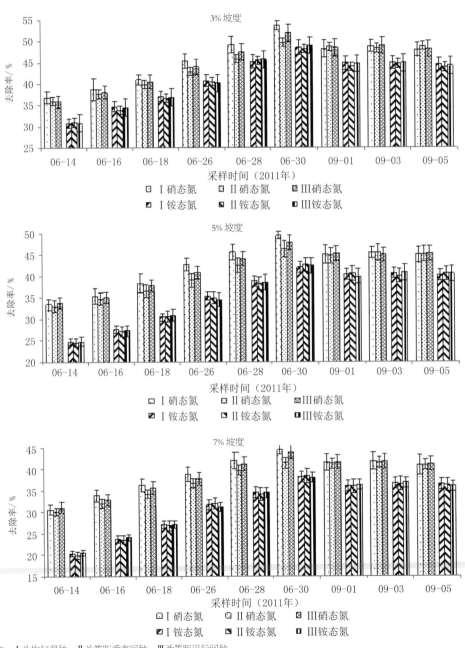

注：Ⅰ为均匀混种；Ⅱ为等距垂直间种；Ⅲ为等距平行间种。

图 3-29　不同坡度下不同混合栽种方式径流 NO_3^--N 和 NH_4^+-N 去除率

由图 3-29 可以看出，相同混种方式条件下，不同坡度去除 $NO_3^- $-N 和 $NH_4^+ $-N 效果均为坡度 3% ＞坡度 5% ＞坡度 7%，且坡度对 $NH_4^+ $-N 去除影响大于 $NO_3^- $-N，与单种滨岸带去除结果一致。对 $NO_3^- $-N 去除率分析进行发现，在实验初期，三种方式差异不大，随时间的推移呈显著差异：均匀混种＞等距平行间种＞等距垂直间种。总体来说，随实验的进行去除效率逐渐增大。到 9 月份，三种方式去除效率再次回归相当，且随实验进行波动不大。对 $NH_4^+ $-N 去除率进行分析发现，相同时期三种方式去除效果差异不大，6 月份时去除效率随实验的进行逐渐增大，经两个月后则在一定的范围进行小幅波动。这里对 3% 坡度下不同栽种方式去除不同形态离子氮进行具体分析。

均匀混种、等距垂直间种、等距平行间种的去除 $NO_3^- $-N 效率最高时期都是 6 月 30 日，分别为 53.72%，49.68%，51.94%，到 9 月份，三种方式去除效果相当，在 48%～49% 小幅波动。不同栽种方式截留 $NH_4^+ $-N 差异不大，6 月份监测结果显示，去除效率由 30.9%±0.126% 逐渐升高至 48.56%±0.43%，经两个月后则在 43.87%～44.94% 持稳定状态。由此可得，混合栽种方式对 $NO_3^- $-N 去除影响规律与 TN 一致，而不同栽种方式对去除 $NH_4^+ $-N 影响不大，从侧面验证了植物对滨岸带脱氮过程影响主要作用在去除 $NO_3^- $-N，即 $NO_3^- $-N 去除依靠植物的吸收。

（三）滨岸带脱氮除磷效果影响因素分析

由以上研究结果发现，不同坡度的滨岸带脱氮除磷效果有显著差异，总体来说为坡度 3% ＞坡度 5% ＞坡度 7%。由此可得，坡度越小，滨岸带截留径流氮、磷污染物越强。在不考虑土壤影响下，滨岸带去除污染物主要来自植物的贡献，而在相同植物配置情况下，污染物依附于颗粒物中而随地表径流流失。坡度越小，污染物在滨岸带停留时间越长，使颗粒物吸附更多的氮、磷，截留效果增强。在坡度相同时，则主要是依据植物生物量、配置方式等的不同，截留效果有所不同。

对模拟滨岸带白三叶脱氮除磷结果进行分析，去除效率均在实验初期快速增长，而随时间的迁移，便保持在一稳定状态甚至呈下降趋势，而这恰恰与植物生长状况一致。这里将以截留效果最优的模拟滨岸带（坡度为 3%）为例，进行草皮生物量与脱氮除磷效果相关性分析，如图 3-30 所示。

各指标去除效果线性拟合结果如下：$E_{TP}=13.516BIO+15.108$（$n=6$，$R_2=0.6883$），$E_{DP}=18.908BIO+16.484$（$n=6$，$R_2=0.7343$），$E_{TN}=14.555BIO+16.109$（$n=6$，$R_2=0.5233$），$E_{NO_3}=18.139BIO+14.416$（$n=6$，$R_2=0.7937$），$E_{NH_3}=10.71BIO+18.342$（$n=6$，$R_2=0.6355$）。式中：

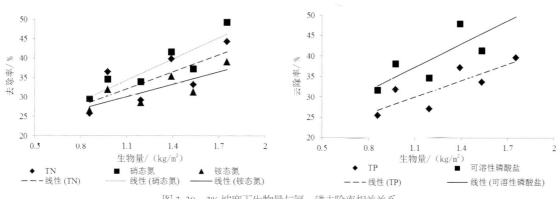

图 3-30　3% 坡度下生物量与氮、磷去除率相关关系

E_{TP} 为 TP 去除率（%）；E_{DP} 为可溶性磷酸盐去除率（%）；E_{TN} 为 TN 去除率（%）；E_{NO_3} 为 NO_3^--N 去除率（%）；E_{NH_3} 为 NH_4^+-N 去除率（%）；BIO 为生物量（kg/m^2，鲜重）；n 为样本数；R_2 为相关系数。

白三叶模拟滨岸带去除营养盐效果和生物量呈正相关，即径流中营养盐浓度与白三叶覆盖率呈负相关。磷去除效果与生物量的相关系数分析可得，可溶性磷酸盐要大于总磷，进一步验证了可溶性磷酸盐的去除主要来自植物的贡献。对氮去除效果与生物量相关系数进行比较得出硝态氮相关性强于铵态氮，推出白三叶生长代谢需吸收硝态氮，硝态氮减少到一定程度后，会由铵态氮转化来满足植物的正常生长，这与所分析原因一致。对不同混合栽种方式滨岸带截留效果进行研究，结果显示，不同混合栽种方式对氮、磷的影响作用不同（表3-10）。

表 3-10　氮、磷在不同混合栽种方式下的截留效果

年份：2011 年

时间指标	实验初期 06-14 至 06-18	实验中期 06-26 至 06-30	实验后期 09-01 至 09-05	截留效果
总磷	三种方式 差异不大	Ⅰ＞Ⅲ＞Ⅱ	三种方式差异不大	整个实验周期随时间的推移，去除效果越佳
可溶性磷酸盐	三种方式 差异不大	Ⅰ＞Ⅲ＞Ⅱ	三种方式差异不大	实验初期和中期随时间的推移，去除效果越佳；实验后期，去除效率小范围波动，且低于实验中期
总氮	三种方式 差异不大	Ⅰ＞Ⅲ＞Ⅱ	三种方式差异不大	实验初期和中期随时间的推移，去除效果越佳；实验后期，去除效率小范围波动，且低于实验中期
硝态氮	三种方式 差异不大	Ⅰ＞Ⅲ＞Ⅱ	三种方式差异不大	实验初期和中期随时间的推移，去除效果越佳；实验后期，去除效率小范围波动，且低于实验中期
铵态氮	三种方式 差异不大	三种方式差异不大	三种方式差异不大	实验初期和中期随时间的推移，去除效果越佳；实验后期，去除效率小范围波动，且低于实验中期

由表 3-10 可以看出，实验初期和后期，栽种方式对滨岸带截留效果影响不大，各指标没有显著差异。实验中期，除铵态氮外，不同混合栽种方式监测的其他 4 个指标去除率均为：均匀混种＞等距平行间种＞等距垂直间种。由此可得，植物配置方式对滨岸带截留效果影响主要发生在实验中期，此时植物群落处在旺盛期，对营养元素需求量大，均匀混合栽种方式截留效果最佳。

三、小结

不同坡度截留径流氮、磷污染物效果不同，排序依次为坡度 3%＞坡度 5%＞坡度 7%，单种白三叶

滨岸带 TP 末端平均去除率分别为 34.41%，30.97%，27.69%，可溶性磷酸盐去除率分别为 44.18%，39.13%，36.3%，TN 去除率分别为 36.96%，33.21%，29.7%，硝态氮去除率分别为 39.18%，37.2%，34.3%，铵态氮去除率分别为 34.67%，28.28%，23.59%；混栽滨岸带在不同坡度相同混合栽种方式下截留规律与单种白三叶一致。

在相同植被情况下，滨岸带脱氮除磷效率和生物量呈正相关。对磷去除效果与生物量相关系数分析发现可溶性磷酸盐＞总磷，对氮去除效果与生物量相关系数进行比较得出硝态氮＞铵态氮＞总氮，植被主要通过吸收可溶性磷酸盐和硝态氮达到脱氮除磷目的。

实验初期和后期，栽种方式对滨岸带截留效果影响不大，各指标没有显著差异；实验中期，除 NH_4^+–N 外，不同混合栽种方式监测的其他 4 个指标去除效果均为：均匀混种＞等距平行间种＞等距垂直间种。总体而言，均匀混合栽种的滨岸缓冲带脱氮除磷效果最佳。

第三节　潘安湖湿地公园植物的土壤重金属富集吸收能力研究

土壤是人类生产的重要物质基础，也是人类生存环境的重要组成部分。随着城市化和工业化进程的加快，矿产资源的开发利用以及化学产品的大量使用，土壤重金属污染日趋严重，成为威胁人类可持续发展的重要因素。徐州作为我国重要的煤炭工业基地，煤炭的大量开采不仅造成了地表塌陷、大气污染、水污染等问题，还对所在区域土壤产生了污染。本节以徐州潘安湖采煤塌陷区为研究对象，对 5 种木本植物和 5 种草本植物生长地段的土壤重金属污染情况及植物对重金属的吸收和迁移能力进行分析和研究。

一、样品的采集和测定

采样地点在徐州潘安湖采煤塌陷区未进行人工改造、保留塌陷区原始本底的区域。采集的植物种类为木本植物 5 种，分别为毛白杨、旱柳、构树、臭椿、刺槐，胸径 12～14 cm；草本植物 5 种，分别为一年蓬、艾蒿、牛膝、黄花蒿和狗尾草，株高 0.4～0.5 m。考虑到对同一树种不同规格的吸收迁移能力进行比较研究，杨树选择了两种规格，即杨树 1 和杨树 2，胸径分别为 13 cm，5 cm。

样品采集分为土壤采集和植物采集。土壤共选择 5 个样区采集，分别为杨树 1 生长区域土壤，杨树 2 生长区域土壤，臭椿、构树生长区域土壤，旱柳、刺槐生长区域土壤，草本植物生长区域土壤。土壤分三个深度采集：表层、淋溶层、母质层。植物样品选择在土壤样点附近采集，随机选取每样 3～5 株健康、无病虫、无害的植物。按照均匀、分散、多点的原则，采集根、茎和叶。样品采集后装标本袋密封，带回实验室进行处理。

土壤风干后磨碎，过 20 目筛。用四分法取部分土样进一步研磨，过 100 目塑料筛，备用。植物样品先用自来水冲洗，去除表面污垢，再用蒸馏水、去离子水冲洗三遍，在烘箱中先用 105 ℃ 高温烘 30 min，再将温度调至 65 ℃烘 24 h。烘干后的样品磨碎，过 120 目筛，在干燥器中保存。

称 0.3 g 样品，放置于聚四氟乙烯坩埚中，加 2～3 滴去离子水湿润样品，加入 8 mL 氢氟酸、10 mL

硝酸和1 mL高氯酸，先低温消煮约1 h，接着升高温度至坩埚内消煮液保持微小气泡溢出，待坩埚内容物呈糊状时，沿坩埚壁加入2 mL硝酸，继续加热并蒸至糊状，取下坩埚稍冷，往坩埚内加2 mL浓硝酸和水的混合物（浓硝酸与水的体积比为1∶1）加热溶解残留物。用去离子水洗入25 mL容量瓶中，冷却后定容，摇匀过滤。每个样品重复三次，同时作空白对照。

称取0.500 g植物样品于三角瓶中，加入硝酸和高氯酸（5∶1）混合酸10 mL，在通风柜中消煮至溶液澄清，加入2 mL浓硝酸和水的混合物（浓硝酸与水的体积比为1∶1），消煮至白烟冒尽。将煮好的溶液移到25 mL容量瓶定容，摇匀后置于样瓶中待测。

土壤和植物的待测液用美国PE公司的电感耦合等离子仪测定Cr，Cu，Zn，Cd，Pb的含量。重复三次，同时做空白对照。

二、结果与分析

（一）土壤重金属的含量及相关性分析

1. 土壤重金属的含量

土壤中重金属的含量既与母岩及成土母质有密切的关系，又受到局部环境质量状况等因素的影响。不同植物生长地段土壤重金属含量测定如表3-11。由表3-11可以看出，木本植物生长的4种土壤中，重金属的平均含量为35.72 mg/kg，5种重金属的平均含量由高到低为Zn＞Cr＞Cu＞Pb＞Cd，平均含量分别为67.33 mg/kg，61.58 mg/kg，24.50 mg/kg，24.99 mg/kg，0.22 mg/kg。

草本植物重金属的平均含量为37.53 mg/kg，比木本植物平均值高1.81 mg/kg。5种重金属的平均含量由高到低为Zn＞Cr＞Cu＞Pb＞Cd，与木本植物排序基本相同，平均含量分别为70.06 mg/kg，63.38 mg/kg，27.21 mg/kg，26.76 mg/kg，0.24 mg/kg，均高于木本植物。

表3-11　不同植物生长区域土壤重金属元素含量　　　　单位：mg/kg

土壤	土壤分层	Cr	Cu	Zn	Cd	Pb	重金属总量
杨树1土壤	表层	66.51	26.87	87.34	0.321	28.08	41.82
	淋溶层	63.49	22.91	66.9	0.248	25.8	35.87
	母质层	66.02	23.28	73.35	0.31	26.96	37.98
	平均值	65.34	24.35	75.86	0.29	26.95	38.56
杨树2土壤	表层	63.08	24.68	62.13	0.167	31.14	36.24
	淋溶层	65.68	26.9	71.62	0.203	26.95	38.27
	母质层	65.63	23.96	62.73	0.166	24	35.3
	平均值	64.8	25.18	65.49	0.18	27.36	36.6
臭椿、构树土壤	表层	67.39	26.37	60.58	0.172	21.5	35.2

（续表）

土壤	土壤分层	Cr	Cu	Zn	Cd	Pb	重金属总量
臭椿、构树土壤	淋溶层	57.61	25.18	59.43	0.188	23.35	33.15
	母质层	47.04	18.04	46.96	0.118	17.58	25.95
	平均值	57.35	23.2	55.66	0.16	20.81	31.43
旱柳、刺槐土壤	表层	67.32	28.17	86.92	0.352	28.61	42.27
	淋溶层	56.41	26.74	71.32	0.254	25.42	36.03
	母质层	52.73	20.89	58.65	0.181	20.43	30.58
	平均值	58.82	25.27	72.3	0.26	24.82	36.29
木本植物平均值		61.58	24.50	67.33	0.22	24.99	35.72
草本植物土壤	表层	69.13	29.11	76.18	0.276	29.14	40.77
	淋溶层	62.44	26.63	72.44	0.264	26.47	37.65
	母质层	58.56	25.89	61.55	0.193	24.68	34.17
	平均值	63.38	27.21	70.06	0.24	26.76	37.53
五种土壤平均值		61.94	25.04	67.87	0.23	25.34	36.08

就同一区域土壤，不同剖面重金属含量存在明显的差异，基本表现为表层土壤重金属含量大于中下层土壤。以杨树1为例，表层、淋溶层、母质层的土壤重金属总量分别为41.82 mg/kg，35.87 mg/kg，37.98 mg/kg；Cr的含量分别为66.51 mg/kg，63.49 mg/kg，66.02 mg/kg；Cu的含量分别为26.87 mg/kg，22.91 mg/kg，23.28 mg/kg；Zn的含量分别为87.34 mg/kg，66.90 mg/kg，73.35 mg/kg；Cd的含量分别为0.321 mg/kg，0.248 mg/kg，0.31 mg/kg；Pb的含量分别为28.08 mg/kg，25.80 mg/kg，26.96 mg/kg（图3-31）。这在一定程度上说明土壤重金属含量受地表环境影响较大。草本植物生长区域土壤也表现出同样的特征（图3-32）。

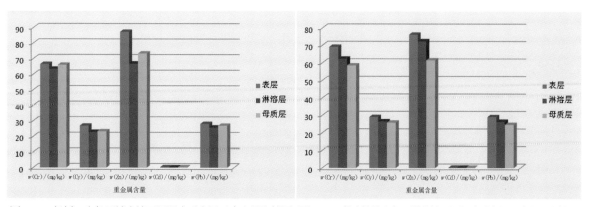

图3-31　杨树1生长区域土壤不同深度重金属元素含量比较图　图3-32　草本植物生长区域土壤不同深度重金属元素含量比较图

2. 土壤重金属元素含量的相关性分析

分析土壤中不同重金属元素含量之间的相关性可以推测重金属的来源是否相同，如果重金属含量有显著的相关性，说明其同源的可能性较大，否则来源不止一个。运用 SPSS 20.0 对土壤重金属元素平均含量进行相关性分析（表 3-12）表明，除 Cd 与 Cr 显著相关外，其余 3 种重金属含量之间无明显相关性，在一定程度说明 Cd 与 Cr 的来源可能相同外，其余 3 种重金属同源的可能性不大，来源可能不同。

表 3-12 不同植物群落土壤重金属含量的相关分析

	Cr	Cu	Zn	Cd	Pb
Cr	1				
Cu	0.689	1			
Zn	0.836	0.974	1		
Cd	0.999*	0.681	0.829	1	
Pb	0.935	0.901	0.976	0.931	1

注：*表示相关系数达到显著水平（$P < 0.05$）。

（二）土壤的富集特征分析

1. 评价标准

土壤重金属富集特征常采用富集指数分析。富集指数分为单因子指数法和综合指数法，参考标准采用研究区土壤重金属含量的自然背景值，相应的评价结果称之为元素富集。

（1）单因子指数法

$$P_i = C_i / S_i$$

式中：P_i 为土壤重金属 i 的单因子指数；C_i 为土壤重金属 i 的实测浓度；S_i 为土壤重金属 i 的土壤环境背景值。徐州地区土壤重金属自然背景值见表 3-13。

表 3-13 徐州地区土壤重金属自然背景值　　　　　　　　单位：mg/kg

重金属类型	Cr	Cu	Zn	Cd	Pb
环境背景值	61	22.6	72.4	0.097	26

（2）综合指数法即内梅罗指数法

$$P = \sqrt{\frac{(\frac{1}{n}\sum_{i=1}^{n}P_i)^2 + [\max(P_i)]^2}{2}}$$

式中: P_i 为土壤中各种所测重金属的单因子指数平均值, $\max(P_i)$ 为土壤中各重金属元素单因子指数的最大值。

（3）质量分级标准

一般 $P_i \leqslant 1$，无富集（无污染）；$1<P_i \leqslant 2$，轻度富集；$2<P_i \leqslant 3$，中度富集；$P_i > 3$，过度富集。即Ⅰ安全级: 土壤污染物实测值与土壤背景值相近, 属清洁区（$P_i \leqslant 1$）；Ⅱ轻污染级: 土壤污染物实测值高于污染起始值, 土壤受到污染（$1<P_i \leqslant 2$）；Ⅲ中污染级: 土壤污染物实测值超过污染起始值1倍, 植物生长受到抑制（$2<P_i \leqslant 3$）；Ⅳ重污染级: 土壤污染物实测值超过污染起始值2倍, 植物受害严重（$P_i > 3$）。

2. 土壤富集指数分析

潘安湖不同植物区域土壤富集指数见表3-14。

表3-14　潘安湖不同植物区域土壤富集指数

土壤	土壤分层	Cr	Cu	Zn	Cd	Pb	平均值	综合富集指数
杨树1土壤	表层	1.09	1.19	1.21	3.31	1.08	1.57	2.59
	淋溶层	1.04	1.01	0.92	2.56	0.99	1.31	2.03
	母质层	1.08	1.03	1.01	3.20	1.04	1.47	2.49
	平均值	1.07	1.08	1.05	3.02	1.04	1.45	2.37
杨树2土壤	表层	1.03	1.09	0.86	1.72	1.20	1.18	1.48
	淋溶层	1.08	1.19	0.99	2.09	1.04	1.28	1.73
	母质层	1.08	1.06	0.87	1.71	0.92	1.13	1.45
	平均值	1.06	1.11	0.90	1.85	1.05	1.2	1.55
臭椿、构树土壤	表层	1.10	1.17	0.84	1.77	0.91	1.16	1.50
	淋溶层	0.94	1.11	0.82	1.94	0.90	1.14	1.59
	母质层	0.77	0.80	0.65	1.22	0.68	0.82	1.04
	平均值	0.95	1.03	0.77	1.640	0.82	1.04	1.38
旱柳、刺槐土壤	表层	1.10	1.25	1.20	3.63	1.10	1.66	2.82
	淋溶层	0.92	1.18	0.99	2.62	0.98	1.34	2.08
	母质层	0.86	0.92	0.81	1.87	0.79	1.05	1.52
	平均值	0.96	1.12	1.00	2.68	0.95	1.35	2.14
木本植物平均值		1.01	1.09	0.93	2.3	0.97	1.26	1.86

（续表）

土壤	土壤分层	Cr	Cu	Zn	Cd	Pb	平均值	综合富集指数
草本植物土壤	表层	1.13	1.29	1.05	2.85	1.12	1.49	2.27
	淋溶层	1.02	1.18	1.00	2.72	1.02	1.39	2.16
草本植物土壤	母质层	0.96	1.15	0.85	1.99	0.95	1.18	1.64
	平均值	1.04	1.20	0.92	2.47	1.03	1.35	2.02
五种土壤平均值		1.03	1.15	0.93	2.39	1	1.31	1.94

由表 3-14 可以看出，5 种土壤中，Cd，Cu，Cr，Pb，Zn 平均单因子富集指数分别为 2.39，1.15，1.03，1 和 0.93，表明 5 种重金属中 Cd 中度富集，Cu，Cr 轻度富集，Pb，Zn 无富集，这就说明该区域土壤以 Cd 污染为主。平均综合污染指数为 1.94，说明该区域土壤总体表现为轻度富集，其中杨树 1 所在区域土壤，旱柳、刺槐所在区域土壤，草本植物所在区域土壤，综合富集指数分别为 2.37，2.14，2.02，属中度富集，其余 2 种属轻度富集。

与木本植物相比，草本植物所在区域土壤中各重金属富集指数、富集指数平均值和综合富集指数基本都大于木本植物，在一定程度说明草本植物所在区域土壤重金属富集大于木本植物所在区域土壤。

同一区域土壤，不同深度重金属含量存在明显差异，基本表现为表层土壤综合富集指数大于中下层土壤。以杨树 1 为例，表层、淋溶层、母质层的综合富集指数分别为 2.59，2.03，2.49；Cr 的富集指数分别为 1.09，1.04，1.08；Cu 的富集指数分别为 1.19，1.01，1.03；Zn 的富集指数分别为 1.21，0.92，1.01；Cd 的富集指数分别为 3.31，2.56，3.20；Pb 的富集指数分别为 1.08，0.99，1.04。

（三）土壤重金属富集指数与土壤重金属含量之间的关系

为了解土壤重金属富集指数与土壤重金属含量之间的关系，运用 SPSS 20.0 对土壤重金属富集指数与土壤重金属含量之间进行了相关性分析，分析结果见表 3-15。由表 3-15 可以看出，土壤重金属富集指数除与自身重金属含量极显著相关外，与其他重金属含量相关性均无统计学意义，即在每种重金属富集指数除与自身土壤含量密切相关外，与其他重金属在土壤中的含量无明显相关性，这与土壤重金属含量之间相关分析的结果基本是一致的。

表 3-15 土壤重金属富集指数与土壤重金属含量

重金属元素	Cr	Cu	Zn	Cd	Pb
Cr	1.000*	0.716	0.856	0.999*	
Cu	0.701	1.000**	0.978	0.693	0.908
Zn	0.832	0.975	1.000**	0.826	0.975
Cd	1.000*	0.678	0.827	1.000*	0.930
Pb	0.953	0.876	0.963	0.949	1.000*

注：* 表示相关系数达到显著水平（$P < 0.05$）；** 表示相关系数达到显著水平（$P < 0.01$）。

三、不同植物重金属的吸收系数和转移系数分析

（一）不同植物重金属的吸收系数分析

吸收系数是植物器官重金属含量与土壤含量的比值，也称富集系数，能够反映植物对重金属的吸收（富集）能力。

相关研究认为，木本植物吸收系数大于 0.4，可以认定其为修复土壤重金属能力强的植物。吸收系数在 0.1～0.4 的为有一定的修复能力；吸收系数小于 0.1 的为低修复能力植物。

潘安湖采煤塌陷区不同植物重金属的吸收系数见表 3-16。

1. 木本植物的吸收系数分析

由表 3-16 可以看出，测定的木本植物中，平均吸收系数为 0.42。其中吸收系数大于 0.4 的为杨树 1、杨树 2 和旱柳，吸收系数分别为 0.50，0.64 和 0.60，说明杨树和旱柳对重金属的吸收能力强；其次为臭椿、刺槐和构树，吸收系数分别为 0.35，0.23 和 0.22，说明这 3 种植物对重金属有一定的吸收能力。木本植物对不同重金属的平均吸收系数为 Cd ＞ Zn ＞ Pb ＞ Cu ＞ Cr。

不同植物对不同重金属的吸收能力存在差异。由表 3-16 可以看出，对 Cr 吸收能力强的树种为杨树 1、构树。对 Cu 吸收能力强的树种为杨树 1、臭椿和旱柳，对 Zn 吸收能力强的树种为杨树 1 和旱柳，对 Cd 吸收能力强的树种为旱柳和杨树，对 Pb 吸收能力强的树种为杨树 1、旱柳和臭椿。

同一种木本植物对不同重金属的吸收能力也存在差异。杨树 1 的重金属吸收系数从大到小依次为 Cd ＞ Zn ＞ Cu ＞ Cr ＞ Pb；杨树 2 为 Cd ＞ Zn ＞ Cu ＞ Cr ＞ Pb；旱柳为 Cd ＞ Zn ＞ Cu ＞ Cr ＞ Pb；构树为 Cr ＞ Cd ＞ Zn ＞ Cu ＞ Pb；臭椿为 Cd ＞ Zn ＞ Cu ＞ Cr ＞ Pb；刺槐为 Zn ＞ Cd ＞ Cu ＞ Cr ＞ Pb。

2. 草本植物的吸收系数分析

5 种草本植物的平均吸收系数为 0.51，大于木本植物，这在一定程度上说明草本植物的重金属吸收能力大于木本植物。其吸收系数从大到小依次为一年蓬、艾蒿、牛膝、黄花蒿和狗尾草，吸收系数分别为 0.57，0.55，0.51，0.49 和 0.42，均大于 0.4，说明这 5 种草本植物吸收土壤重金属能力强。5 种草本植物对不同重金属的平均吸收系数从大到小依次为 Cd ＞ Zn ＞ Cu ＞ Pb ＞ Cr。

同一种草本植物对不同重金属的吸收能力存在差异。黄花蒿的重金属吸收系数从大到小依次为 Cd ＞ Cu ＞ Zn ＞ Pb ＞ Cr；艾蒿为 Cd ＞ Cu ＞ Zn ＞ Cr ＞ Pb；一年蓬为 Cu ＞ Cd ＞ Zn ＞ Pb ＞ Cr；牛膝为 Zn ＞ Cd ＞ Cu ＞ Cr ＞ Pb；狗尾草为 Zn ＞ Cd ＞ Cu ＞ Cr ＞ Pb。

不同草本植物对同种重金属的吸收能力有明显差别。5 种草本植物中，对 Cr 吸收能力强的为狗尾草和牛膝，对 Cu 吸收能力强的为一年蓬和黄花蒿，对 Zn 吸收能力强的为牛膝和一年蓬，对 Cd 吸收能力强的为艾蒿和黄花蒿，对 Pb 吸收能力强的为一年蓬、艾蒿和黄花蒿。

表 3-16　不同种类植物重金属的吸收系数

植物	部位或种类	Cr	Cu	Zn	Cd	Pb	平均值
杨树 1	根	0.74	0.50	0.40	1.11	0.11	0.57
	茎	0.05	0.11	0.31	0.51	0.03	0.2

(续表)

植物	部位或种类	Cr	Cu	Zn	Cd	Pb	平均值
杨树 1	叶	0.16	0.54	0.94	1.71	0.36	0.74
	平均值	0.32	0.38	0.55	1.11	0.17	0.50
杨树 2	根	0.06	0.21	1.59	0.80	0.06	0.54
	茎	0.00	0.28	0.88	2.91	0.08	0.83
	叶	0.16	0.36	0.36	1.85	0.04	0.56
	平均值	0.07	0.28	0.94	1.85	0.06	0.64
旱柳	根	0.29	0.48	0.38	1.39	0.08	0.52
	茎	0.17	0.21	1.20	3.14	0.28	1.00
	叶	0.06	0.26	0.29	0.66	0.16	0.28
	平均值	0.17	0.32	0.62	1.73	0.17	0.60
构树	根	0.61	0.16	0.19	0.15	0.06	0.23
	茎	0.30	0.13	0.12	0.11	0.02	0.14
	叶	0.02	0.25	0.46	0.50	0.16	0.28
	平均值	0.31	0.18	0.26	0.25	0.08	0.22
臭椿	根	0.11	0.19	0.29	0.40	0.03	0.2
	茎	0.38	0.39	0.51	0.74	0.15	0.43
	叶	0.08	0.44	0.53	0.63	0.34	0.40
	平均值	0.19	0.34	0.44	0.59	0.17	0.35
刺槐	根	0.25	0.46	0.62	0.57	0.11	0.4
	茎	0.08	0.15	0.11	0.08	0.01	0.09
	叶	0.03	0.26	0.26	0.29	0.16	0.2
	平均值	0.12	0.29	0.33	0.32	0.09	0.23
木本植物平均值		0.2	0.3	0.52	0.98	0.12	0.42
草本植物	黄花蒿	0.04	0.84	0.54	0.90	0.14	0.49
	艾蒿	0.18	0.59	0.57	1.28	0.14	0.55
	一年蓬	0.10	0.90	0.80	0.85	0.18	0.57

（续表）

植物	部位或种类	Cr	Cu	Zn	Cd	Pb	平均值
草本植物	牛膝	0.20	0.60	0.87	0.77	0.09	0.51
	狗尾草	0.26	0.48	0.68	0.62	0.09	0.42
	平均值	0.16	0.68	0.69	0.88	0.13	0.51
总平均值		0.18	0.49	0.61	0.93	0.13	0.47

3.同一种植物不同器官对重金属的吸收系数分析

5种木本植物不同器官对不同重金属的吸收系数比较见表3-17。

分析表3-17可以看出，同一种植物的不同器官对同一种重金属的吸收系数也不尽相同。如杨树1表现为根对Cr的吸收系数大，说明根对Cr的吸收能力大于叶和茎，对其他4种重金属则表现为叶的吸收能力大于根和茎；旱柳对重金属吸收能力强的分别表现为根和茎；构树对重金属吸收能力强的分别表现为根和叶；臭椿对重金属吸收能力强的分别表现为茎和叶；刺槐除Pb外，对其他4种重金属则表现为根的吸收能力最强。杨树1和杨树2相比，同一种植物器官对不同重金属的吸收能力也表现不同，在一定侧面反映即使同一种植物，在不同生长阶段，不同器官对重金属的吸收能力也表现不同。

表3-17　5种植物不同器官对不同重金属的吸收系数比较

植物种类	Cr	Cu	Zn	Cd	Pb
杨树1	根＞叶＞茎	叶＞根＞茎	叶＞根＞茎	叶＞根＞茎	叶＞根＞茎
杨树2	叶＞根＞茎	叶＞茎＞根	根＞茎＞叶	茎＞叶＞根	茎＞根＞叶
旱柳	根＞茎＞叶	根＞叶＞茎	茎＞叶＞根	茎＞叶＞根	茎＞叶＞根
构树	根＞茎＞叶	叶＞根＞茎	叶＞根＞茎	叶＞根＞茎	叶＞根＞茎
臭椿	茎＞根＞叶	叶＞茎＞根	叶＞茎＞根	茎＞叶＞根	叶＞茎＞根
刺槐	根＞茎＞叶	根＞叶＞茎	根＞叶＞茎	根＞叶＞茎	叶＞根＞茎

（二）木本植物吸收系数与土壤重金属含量、土壤重金属富集指数的相关性分析

为了解植物吸收系数与土壤重金属含量、土壤重金属富集指数之间的关系，以杨树1为例，应用SPSS 20.0对其植物吸收系数与土壤重金属含量、土壤重金属富集指数之间的相关关系进行了分析，分析结果见表3-18、表3-19。

表 3-18　植物吸收系数与重金属含量之间的相关系数

重金属元素	Cr	Cu	Zn	Cd	Pb
Cr	0.734	0.998*	0.986	0.726	0.927
Cu	0.972	0.515	0.680	0.976	0.856
Zn	0.483	0.302	0.770	0.493	0.142
Cd	0.780	0.085	0.309	0.788*	0.509
Pb	0.570	0.203	0.025	0.579	0.243

注：＊表示相关性达到显著水平（$P < 0.05$）。

由表 3-18、表 3-19 可以看出，除植物对 Cr 的吸收系数与土壤中 Cu 的含量、土壤 Cu 的富集指数相关外，植物吸收系数与土壤重金属含量及重金属富集指数无明显相关关系，这在一定程度说明植物对重金属的吸收能力与土壤重金属含量及富集程度无明显相关性，主要与自身特征相关。

表 3-19　植物吸收系数与土壤重金属富集指数的相关系数

重金属元素	Cr	Cu	Zn	Cd	Pb
Cr	0.760	0.999*	0.680	0.976	0.856
Cu	0.963	0.515	0.680	0.976	0.856
Zn	0.449	0.286	0.83	0.497	0.195
Cd	0.756	0.101	0.303	0.790*	0.554
Pb	0.538	0.186	0.019	0.583	0.294

注：＊表示相关系数达到显著水平（$P < 0.05$）。

（三）木本植物的转移系数分析

转移系数是植物地上部分元素的含量与地下部分同种元素含量的比值，用来评价植物将重金属从地下向地上运输和富集的能力，转移系数越大，则重金属从根系向地上器官转运能力越强。本研究采用植物叶片中元素含量与植物根系中元素含量的比值作为该元素的转移系数。木本植物的转移系数见表 3-20。

表 3-20　木本植物的重金属元素转移系数

植物种类	Cr	Cu	Zn	Cd	Pb	平均值
杨树 1	0.22	1.08	2.33	1.53	3.36	1.7
杨树 2	2.64	1.74	0.23	2.31	0.60	1.5
旱柳	0.19	0.54	0.77	0.48	1.89	0.77
构树	0.03	1.57	2.46	3.30	2.82	2.04
臭椿	0.68	2.32	1.85	1.59	10.64	3.42
刺槐	0.14	0.55	0.43	0.50	1.40	0.6
平均值	0.65	1.3	1.35	1.62	3.45	1.67

如表 3-20 所示：在 5 种木本植物中，平均转移系数最大的是臭椿，为 3.42，说明臭椿对 5 种重金属的平均转移能力最强；其次是构树，平均转移系数为 2.04；杨树转移系数居第三，杨树 1 和杨树 2 的转移系数分别为 1.7 和 1.5；转移系数最小的是刺槐，仅有 0.6。这与吸收系数的研究结果有一定差异。

对不同重金属元素，植物的转移系数存在差别。对于 Cr，转移系数最大的是杨树 2，转移能力为 2.64；对于 Cu，转移能力较强的是臭椿、构树和杨树 2；对于 Zn，转移能力强的是构树、杨树 1、臭椿；对于 Cd，依次为构树、杨树 2 和臭椿；对于 Pb，臭椿、杨树 1、构树、旱柳、刺槐迁移能力均较强。

同一种植物对不同的重金属的转移能力也有一定的差异。测定的 6 个木本植物样本，除杨树 2 外，对 Cr 的转移系数均为最低；杨树 1、构树和臭椿除 Cr 外，对其他 4 种重金属的转移系数均大于 1，其中对 Pb、Zn、Cd 的转移能力较强；旱柳和刺槐对 Pb 的转移系数大于 1，但对其余 4 种重金属的转移系数都小于 1。

四、重金属富集植物的筛选

重金属富集植物的筛选应同时考虑植物对重金属的吸收能力和转移能力。Stalt 等认为，只有那些地上部分重金属含量大于根部，且地上部分重金属含量大于土壤重金属含量的少数植物对重金属超富集植物的筛选可能更有意义。从对 5 种重金属的吸收和转移情况看，杨树同时具备吸收能力和转移能力强两个特征，应为采煤塌陷区重金属修复的首选属种。此外，旱柳虽然转移系数小，但吸收能力居 5 种树种的第二位；构树和臭椿虽然吸收系数低，但转移系数分别为 2.04 和 3.42，有较强的转移能力。综合考虑以上因素，吸收重金属能力较强的植物为旱柳、臭椿和构树。考虑到塌陷区的土壤污染以 Cd 为主，故植物的筛选应主要考虑 Cd 的富集和转移能力。综合植物对 Cd 的吸收系数和转移系数，对 Cd 富集和转移能力强的树种有杨树、旱柳、构树和臭椿。综合以上分析，对于采煤塌陷区重金属富集治理，推荐的木本植物依次为杨树、旱柳、构树和臭椿。

草本植物中的艾蒿、黄花蒿、一年蓬、牛膝和狗尾草，对重金属尤其是对重金属 Cd 的吸收能力强，又是当地的乡土植物，适生性强，可在土壤重金属富集治理中大规模推广使用。

潘安湖

湿地公园植物研究

PLANT RESEARCH OF PAN'AN LAKE WETLAND PARK

CHAPTER 4

潘安湖湿地公园主要植物
MAJOR PLANTS OF PAN'AN LAKE WETLAND PARK

第四章 潘安湖湿地公园主要植物

第一节 乔 木

1. 银杏

银杏的干和叶

银杏

🏵 *Ginkgo biloba*

🟢 银杏科（Ginkgoaceae）银杏属（*Ginkgo*）

🌱 落叶大乔木，胸径可达4 m，树皮灰褐色；幼年及壮年树冠圆锥形，老年树冠则广卵形；叶互生，有细长的叶柄，扇形，秋季落叶前变为黄色。雌雄异株，4月开花，10月成熟，种子核果状，常为椭圆形，熟时淡黄色或橙黄色。

🔔 强阳性树种，喜温凉湿润，在土层深厚、肥沃、疏松、排水良好的酸性、中性、钙质土壤中均可生长，以中性或酸性土壤最适宜。

🌸 高大挺拔，姿态优美，叶形古雅，春夏翠绿，深秋金黄，是理想的园林观赏树种。

🏫 各景区均有分布。

2. 雪松

雪松的枝叶

🏵 *Cedrus deodara*

⭕ 松科（Pinaceae）雪松属（*Cedrus*）

🌲 常绿乔木，高达30 m；枝平展、微斜展或微下垂；叶在长枝上辐射伸展，短枝的叶成簇生状（每年生出新叶约15～20枚），叶针形，坚硬，淡绿色或深绿色；雄球花长卵圆形或椭圆状卵圆形，雌球花卵圆形；球果成熟前淡绿色，熟时红褐色，卵圆形或宽椭圆形。

🔔 喜阳光充足，也稍耐阴，在酸性土、微碱土中生长良好。

🌳 树体高大，树形优美，其主干下部的大枝自近地面处平展，长年不枯，能形成繁茂、雄伟的树冠，是世界著名的庭园观赏树种之一。

🏯 主岛，环湖东路，环湖北路，蝴蝶岛。

雪松

3. 黑松

🏵 *Pinus thunbergii*

⭕ 松科（Pinaceae）松属（*Pinus*）

🌲 常绿乔木，高达30 m；枝条开展，树冠宽圆锥状或伞形；针叶2针一束，深绿色，有光泽，花期4—5月，种子翌年10月成熟。

🔔 喜光，耐干旱、瘠薄，不耐水涝，不耐寒。适生于温暖湿润的海洋性气候区域，最宜在土层深厚、土质疏松且含有腐殖质的沙质土壤中生长。

🌳 枝干横展，树冠如伞盖，针叶浓绿，四季常青，树姿古雅，可终年观赏。

🏯 环湖东路，环湖北路。

黑松

油松

4. 油松

🌸 *Pinus tabuliformis*

⚪ 松科（Pinaceae）松属（*Pinus*）

🌱 常绿乔木，高达 25 m；针叶 2 针一束，深绿色；雄球花橙黄色，雌球花绿紫色；球果卵形或圆卵形，熟时淡黄色或淡褐黄色。花期 4—5 月，球果翌年 10 月成熟。

🌲 阳性树种，浅根性，喜光、抗瘠薄、抗风，在土层深厚、排水良好的酸性、中性或钙质黄土中，−25℃的气温下均能生长。

☢ 树干挺拔苍劲，四季常绿，可终年观赏。

⚰ 环湖北路。

5. 五针松

🌸 *Pinus parviflora*

⚪ 松科（Pinaceae）松属（*Pinus*）

🌱 常绿乔木，叶针状，细而短，针叶 5 针一束，簇生在枝顶和侧枝上。花期 4—5 月，球花单性同株，雄球花聚生新枝下部，雌球花聚生新枝端部。球果卵圆形。

🌲 喜光树种，对光照要求很高，栽植土壤不能积水，排水透气性要好，在阴湿之处生长不良。

☢ 姿态端正，枝叶葱郁，是观赏价值很高的树种，既适合庭园点缀布置，又是作为盆栽或盆景的重要树种。

⚰ 主岛，醉花岛。

6. 湿地松

🌸 *Pinus elliottii*

⚪ 松科（Pinaceae）松属（*Pinus*）

🌱 常绿乔木，在原产地高达 30 m；针叶 2～3 针一束；球果圆锥形，花期 3—4 月，果熟期翌年 9 月。

🌲 阳性树种，不耐阴，喜夏雨冬旱气候，对温度适应性较强，在中性或酸性土壤中生长良好，较耐水湿。

☢ 树形苍劲，枝叶茂密，宜种植于河岸、池边。

⚰ 主岛。

五针松的枝叶

湿地松的枝叶

7. 红皮云杉

🌐 *Picea koraiensis*

◯ 松科（Pinaceae）云杉属（*Picea*）

🌿 常绿乔木，树皮灰褐色或淡红褐色；树冠尖塔形；叶锥形，先端尖，多辐射伸展；球果卵状圆柱形或长卵状圆柱形，成熟前绿色，熟时绿黄褐色至褐色。

🔔 喜空气湿度大、土壤肥厚而排水良好的环境，较耐阴、耐寒，也耐干旱；浅根性，侧根发达，生长比较快。

🍃 姿态优美，终年常绿，观赏性好。

☠ 哈尼岛。

红皮云杉的枝叶

8. 柳杉

🌐 *Cryptomeria fortunei*

◯ 杉科（Taxodiaceae）柳杉属（*Cryptomeria*）

🌿 常绿乔木，高达 40 m；树皮红棕色；叶锥形，先端向内弯曲；雄球花单生叶腋，长椭圆形，呈短穗状花序；雌球花顶生于短枝上；球果圆球形或扁球形，花期 4 月，球果 10 月成熟。

🔔 中等喜光；喜欢温暖湿润、云雾弥漫、夏季较凉爽的山区气候；喜深厚肥沃的沙质壤土，忌积水；抗风力差。

🍃 高大挺拔，树姿秀丽，纤枝略垂，是优美的常绿园林绿化树种。

☠ 哈尼岛。

柳杉

柳杉的枝叶

落羽杉

9. 落羽杉

🌸 *Taxodium distichum*

🍂 杉科（Taxodiaceae）落羽杉属（*Taxodium*）

🌲 落叶乔木，树干尖削度大，干基通常膨大，常有屈膝状的呼吸根；树皮棕色，幼树树冠圆锥形，老则呈宽圆锥状；叶条形，扁平，基部扭转在小枝上列成二列，羽状，淡绿色，凋落前变成暗红褐色。雄球花卵圆形，有短梗，在小枝顶端排列成总状花序状或圆锥花序状。球果球形或卵圆形，10 月成熟，熟时淡褐黄色。

🔔 强阳性树种，适应性强，能耐低温、干旱、涝渍和土壤瘠薄，耐水湿，抗污染，抗台风，且病虫害少，生长快。

🌼 树形优美，叶片酷似羽毛，入秋后树叶变为古铜色，是良好的秋色观叶树种，常栽种于平原地区及湖边、河岸。

🏵 各景区均有分布。

落羽杉的枝叶

池杉的枝叶

10. 池杉

🌸 *Taxodium distichum* var. *imbricatum*

🍂 杉科（Taxodiaceae）落羽杉属（*Taxodium*）

🌲 落叶乔木，树干基部膨大，通常有屈膝状的呼吸根；树皮褐色，纵裂，成长条片脱落；枝条向上伸展，树冠较窄，呈尖塔形；叶锥形，球果圆球形或矩圆状球形，有短梗，向下斜垂，熟时褐黄色。花期 3—4 月，球果 10 月成熟。

🔔 强阳性树种，不耐阴；喜温暖、湿润环境，稍耐寒；适生于深厚疏松的酸性或微酸性土壤，苗期在碱性土种植时黄化严重，生长不良，长大后抗碱能力增加；耐涝，也耐旱；生长迅速，抗风力强。

🌼 观姿、观叶树种，常种植于湖泊周围、河流两岸，形成亮丽的风景线。

🏵 各景区均有分布。

池杉

中山杉的枝叶

11. 中山杉

🌿 *Taxodium distichum* cv. *zhongshanshan*

🔵 杉科（Taxodiaceae）落羽杉属（*Taxodium*）

🌱 半常绿乔木，羽状复叶；叶呈条形，互生；花为孢子叶球（球花），雌雄异花，同株；球果圆形或卵圆形，有短梗，向下垂；种子呈不规则三角形或多边形，有明显尖锐棱脊。

🔔 耐盐碱、耐水湿，抗风性强，病虫害少，生长速度快。

🌼 树干挺直，树形美观，树叶绿色期长，可观姿观叶，是优良的园林观赏树种。

💠 醉花岛，哈尼岛。

中山杉

12. 水杉

🌿 *Metasequoia glyptostroboides*

🔵 杉科（Taxodiaceae）水杉属（*Metasequoia*）

🌱 落叶乔木，高达 35 m；树干基部常膨大；树皮灰色、灰褐色或暗灰色；幼树树冠尖塔形，老树树冠广圆形；叶线形，扁平对生。雄球花单生叶腋，多数集成总状或圆锥花序；球果下垂，近四棱状球形或矩圆状球形，成熟前绿色，熟时深褐色。花期 2 月下旬，球果 11 月成熟。

🔔 强阳性树种，喜光，不耐贫瘠和干旱，耐寒性强，耐水湿能力强，在轻盐碱地可以生长。

🌼 树干端直，树姿优美，叶色秀丽，秋叶呈棕褐色，是我国特有珍贵树种；在园林中最适于列植，也可丛植、片植，可用于堤岸、湖滨、池畔、庭院等绿化，也可成片栽植营造风景林。

💠 各景区均有分布。

水杉的干和叶

水杉

71

侧柏

侧柏的叶和果

龙柏

13. 侧柏

🌱 *Platycladus orientalis*

⭕ 柏科（Cupressaceae）侧柏属（*Platycladus*）

🌲 常绿乔木，高达 20 m，胸径 1 m；树皮薄，浅灰褐色，纵裂成条片；枝条向上伸展或斜展，幼树树冠卵状尖塔形，老树树冠则为广圆形；种子卵圆形或近椭圆形，顶端微尖，灰褐色或紫褐色，长 6～8 mm，稍有棱脊，无翅或有极窄之翅。花期 3—4 月，球果 10 月成熟。

🌲 喜光，耐干旱瘠薄和盐碱，不耐水涝；能适应干冷气候，也能在暖湿气候条件下生长；浅根性，侧根发达；生长较慢，寿命长。为喜钙树种。

🌳 寿命长、树姿美。作为主景树，能充分衬托主体建筑，营造肃静清幽的气氛；作为背景树，与色叶植物配置，相映生辉。

💀 环湖北路。

14. 龙柏

🌱 *Sabina chinensis* cv. *kaizuca*

⭕ 柏科（Cupressaceae）圆柏属（*Sabina*）

🌲 常绿乔木，高达 15 m，树冠圆柱状或柱状塔形；枝条向上直展，常有扭转上升之势；小枝密，在枝端呈几个等长的密簇；鳞叶排列紧密，幼嫩时淡黄绿色，后呈翠绿色；球果蓝色，微被白粉。

🌲 喜光树种，抗寒，抗旱，对土壤适应性强，在土壤深厚、肥沃的地方生长旺盛，忌水涝。

🌳 树干耸直，树冠窄圆柱状塔形，叶色浓绿，可营造出庄重、肃穆的气氛，可作为背景树种。

💀 主岛，蝴蝶岛。

罗汉松

15. 罗汉松

Podocarpus macrophyllus

罗汉松科（Podocarpaceae）罗汉松属（*Podocarpus*）

常绿乔木，树皮灰色或灰褐色，叶条状披针形，螺旋状着生，微弯，先端尖，基部楔形；雄球花穗状，常 3～5 个簇生于叶腋；雌球花单生丁叶腋；种子卵圆形，未熟时绿色，熟时紫色。花期 4—5 月，种子 8—9 月成熟。

喜温暖湿润气候，耐寒性弱，耐阴性强，喜排水良好、湿润的沙质壤土，对土壤适应性强，盐碱土中亦能生存。

树姿葱翠秀雅，苍古矫健，叶色四季鲜绿，有苍劲高洁之感；与竹、石组景，极为雅致。

环湖北路。

毛白杨的叶　　　　　　　　　　毛白杨　　　　　　　　　　　　旱柳

16. 毛白杨

🐝 *Populus tomentosa*

🔵 杨柳科（Salicaceae）杨属（*Populus*）

🌱 落叶乔木，树干通常端直；树皮光滑或纵裂，常为灰白色；叶互生，多为卵圆形；柔荑花序下垂，常先叶开放；蒴果 2～4（5）裂。花期 3 月，果熟期 4 月。

🔥 阳性树种，喜温凉湿润气候，较耐旱，对土壤要求不严。

🌸 树姿雄伟，树干通直，适宜作为行道树和风景林树种。

☠ 蝴蝶岛，环湖东路，环湖北路。

17. 旱柳

🐝 *Salix matsudana*

🔵 杨柳科（Salicaceae）柳属（*Salix*）

🌱 落叶乔木，高可达 20 m；叶披针形，花与叶同时开放；蒴果两瓣裂。花期 3—4 月，果期 4—5 月。

🔥 喜光，耐寒，湿地、旱地皆能生长，但以湿润而排水良好的土壤上生长最好；根系发达，抗风能力强，生长快，易繁殖。

🌸 枝条柔软，树冠丰满，是中国北方常用的庭荫树、行道树，常栽培在河湖岸边或孤植于草坪。

☠ 蝴蝶岛，环湖北路。

18. 龙爪柳

🐝 *Salix matsudana* var . *matsudana* f. *tortuosa*

🔵 杨柳科（Salicaceae）柳属（*Salix*）

🌱 落叶小乔木，株高可达 3 m，小枝绿色或绿褐色，不规则扭曲；叶互生，线状披针形，细锯齿缘，叶背粉绿色，全叶呈波状弯曲；单性异株，柔荑花序，蒴果。

🔥 喜光，耐阴，耐碱，耐寒，耐水湿，在地势高且干燥的地方也能生长，对土壤要求不严，但最好选择土壤深厚、疏松、肥沃，阳光充足，且排灌、通风良好的地块。

🌸 枝条盘曲，特别适合冬季园林观景，也适合种植在绿地或道路两旁。

☠ 环湖北路。

龙爪柳

龙爪柳的枝和叶

19. 垂柳

🌸 *Salix babylonica*

🌿 杨柳科（Salicaceae）柳属（*Salix*）

🌳 落叶乔木，树冠开展而疏散。树皮灰黑色，不规则开裂；枝细，下垂，淡褐黄色、淡褐色或带紫色，无毛。叶狭披针形或线状披针形，先端长渐尖；花序先叶开放，或与叶同时开放；蒴果长3～4mm，带绿黄褐色。花期3—4月，果期4—5月。

🔔 喜光，喜温暖湿润气候，喜潮湿深厚的酸性及中性土壤。较耐寒，特耐水湿，也能生长于土层深厚且干燥的地区。萌芽力强，生长迅速。

🍃 观姿树种，枝条细长，自古以来深受中国人民喜爱。最宜配植在水边，与桃花间植可形成桃红柳绿之景，是江南园林春景的特色配植方式之一，也可作为庭荫树、行道树。

🏯 主岛，哈尼岛，环湖北路。

垂柳

垂柳的枝叶

20. 大叶柳

🌸 *Salix magnifica* var. *magnifica*

🌿 杨柳科（Salicaceae）柳属（*Salix*）

🌳 落叶小乔木，叶革质，椭圆形或宽椭圆形；上面深绿色，下面苍白色。花与叶同时开放，或稍叶后开放；果序长达23cm；蒴果卵状椭圆形。花期5—6月，果期6—7月。

🔔 喜温暖潮湿环境，土壤以微酸性为佳。

🍃 观姿树种；树形美观，可作为行道树和景观树。

🏯 醉花岛，环湖北路。

大叶柳的枝叶

21. 核桃

🌸 *Juglans regia*

🌿 胡桃科（Juglandaceae）胡桃属（*Juglans*）

🌳 落叶乔木，奇数羽状复叶，小叶5～13枚，长椭圆状，全缘或有不明显钝齿。果实椭圆形，灰绿色；内部坚果球形，黄褐色，表面有不规则槽纹。花期5月，果熟期10月。

🔔 阳性树种，耐寒，抗旱、抗病能力强，适应多种土壤生长，喜肥沃湿润的沙质壤土。

🍃 树姿雄伟，绿荫葱茏，是良好的庭荫树种。

🏯 蝴蝶岛。

核桃的果实

22. 枫杨

🌸 *Pterocarya stenoptera*

⭕ 胡桃科（Juglandaceae）枫杨属
（*Pterocarya*）

🍃 落叶乔木，羽状复叶，小叶 10～16 枚，
长椭圆形；叶轴具窄翅，花序绿色；果实长椭圆形；
花期 4—5 月，果熟期 8—9 月。

🌲 阳性树种，喜温暖、湿润气候，耐水湿，
也较耐寒，对土壤要求不严，以肥沃、疏松、适湿
而排水良好的沙质壤土最好。

🌼 树冠广展，枝叶茂密，为河床两岸低洼湿
地的良好绿化树种，还可防止水土流失。

🏝 主岛，哈尼岛，醉花岛，蝴蝶岛。

枫杨

23. 白桦

🌸 *Betula platyphylla*

⭕ 桦木科（Betulaceae）桦木属（*Betula*）

🍃 落叶乔木，高可达 27 m；树皮灰白色，成
层剥裂；叶厚纸质，三角形，少有菱状卵形和宽卵
形，边缘具重锯齿；果序单生，圆柱形或矩圆状，
通常下垂；坚果小而扁，两侧具宽翅。花期 5—6 月，
果熟期 8—10 月。

🌲 喜光，不耐阴，耐严寒。对土壤适应性强，
喜酸性土、沼泽地、干燥阳坡及湿润阴坡都能生长。
深根性，耐瘠薄，生长较快，萌芽强，寿命较短。

🌼 观姿观干树种，枝叶扶疏，姿态优美，尤
其是树干修直，洁白雅致，十分引人注目。

🏝 主岛。

白桦

柳叶栎的枝叶

25. 沼生栎

🏵 *Quercus palustris*

🌰 壳斗科（Fagaceae）栎属（*Quercus*）

🌿 落叶乔木，单叶互生，叶卵形或椭圆形，叶缘具 5～7 缺裂，裂片上再具尖裂；叶表深绿色，光亮，叶背淡绿色，无毛或脉腋有毛；单性同株，雄花序数条簇生下垂，雌花单生或 2～3 个集生于花序轴上，壳斗皿形，包被坚果 1/4～1/3，壳斗苞片三角形，无毛而有光泽。坚果长椭圆形，有短毛，后渐脱落，果顶圆钝，脐平，花期 4—5 月，果熟翌年秋季。

🌡 耐干燥，喜光照，耐高温，抗霜冻，适应城市环境污染，抗风性强，喜排水良好的土壤，但也适应黏重土壤。

♻ 树干光洁，叶片宽大，叶缘齿裂，叶面亮丽，是良好的观叶树种。

💀 主岛。

沼生栎的叶

24. 柳叶栎

🏵 *Quercus phellos*

🌰 壳斗科（Fagaceae）栎属（*Quercus*）

🌿 落叶乔木，叶像柳树的叶子是区别于其他栎树最明显的特征，单叶互生，狭椭圆形或披针形；雄花黄绿色，柔荑花序；雌花是细小的团伞花，簇生在茎叶交叉点处。果实近球形，零落生星状毛，翌年成熟。

🌡 喜温暖、湿润气候，生长速度快，寿命长。

♻ 树形高大、冠大荫浓，是优良的行道树种和庭荫树种，广泛应用于城市景观营造。由于其耐水湿的特性，可以在水边种植。

💀 主岛。

柳叶栎

26. 娜塔栎

🏷 *Quercus nuttallii*

⭕ 壳斗科（Fagaceae）栎属（*Quercus*）

🌱 落叶乔木，主干直立，塔状树冠。叶椭圆形，顶部有硬齿，正面亮深绿色，背面暗绿色，秋季叶亮红色或红棕色；树皮灰色或棕色，光滑。

🔔 适应性强，极耐水湿，抗城市污染能力强，耐寒，耐旱，喜排水良好的沙性、酸性或微碱性土。

🍀 观叶树种，秋季叶亮红色或红棕色，可孤植、丛植于庭院、公园等地。

🏛 主岛。

娜塔栎的叶

娜塔栎

榔榆

榔榆的树干

榔榆的叶

27. 榔榆

🏷 *Ulmus parvifolia*

⭕ 榆科（Ulmaceae）榆属（*Ulmus*）

🌱 落叶乔木，树冠广圆形，树皮灰色或灰褐色，裂成不规则鳞状薄片剥落；叶质地厚，披针状卵形或窄椭圆形，边缘具整齐的单锯齿；花期8—9月，3～6枚在叶脉簇生或排成簇状聚伞花序；翅果椭圆形或卵状椭圆形，果核部分位于翅果的中上部，果期10—11月。

🔔 喜光，耐干旱，在酸性、中性及碱性土中均能生长，但以气候温暖、肥沃、排水良好的中性土壤为最适宜的生境。

🍀 树皮斑驳雅致，小枝弯垂，是良好的观赏树种，常孤植成景，适宜种植于池畔、亭榭附近，也可配于山石之间。

🏛 各景区均有分布。

春榆的叶

春榆

28. 春榆

🌳 *Ulmus davidiana* Planch var. *japonica*

🍃 榆科（Ulmaceae）榆属（*Ulmus*）

🌱 落叶乔木，叶片倒卵状椭圆形或广倒卵形，先端急尖，叶缘具重锯齿和缘毛，上表面深绿色，背面淡绿色；花早春先叶开放，老枝上为束状聚伞花序，深紫色；翅果扁平，倒卵形；种子位于翅果的上部，上端接近凹陷处，周围均具膜质的翅。花期4—5月；果熟期5—6月。

🌡 阳性树种，稍耐阴，喜温暖湿润气候，宜生于土层深厚、肥沃、疏松的沙质土壤中，在干旱贫瘠的土壤中也能生长。

🌸 树干挺拔，枝叶繁茂，姿态优美，可作为庭荫树、行道树，秋季叶子泛黄，适宜观赏。

🏛 主岛，环湖北路。

金叶榆的叶

29. 金叶榆

🌳 *Ulmus pumila* 'jinye'

🍃 榆科（Ulmaceae）榆属（*Ulmus*）

🌱 落叶乔木，叶片金黄色，色泽艳丽；叶脉清晰；叶卵圆形，比普通白榆叶片稍短；叶缘具锯齿，叶尖渐尖，互生于枝条上。金叶榆的枝条萌生力很强，一般当枝条上长出十几个叶片时，腋芽便萌发长出新枝，因此金叶榆的枝条比普通白榆更密集，树冠更丰满，造型更丰富。

🌡 对寒冷、干旱气候具有极强的适应性，抗逆性强，可耐−36℃的低温，同时有很强的抗盐碱性。

🌸 观叶树种，观赏性极佳。初春时期便绽放出娇黄的叶芽，似无数朵蜡梅花绽放枝头，娇嫩可爱；夏初叶片金黄艳丽，格外醒目；盛夏后至落叶前，树冠中下部的叶片渐变为浅绿色，枝条中上部的叶片仍为金黄色，黄绿相衬，在炎热中给人带来清新的感觉。

🏛 主岛。

金叶榆

榉树的叶 　　　　　　　　　　　　　榉树

30. 榉树

🏵 *Zelkova serrata*

⬤ 榆科（Ulmaceae）榉属（*Zelkova*）

🌿 落叶乔木，树皮灰白色或褐灰色，成不规则的片状剥落；叶薄纸质至厚纸质，长椭圆状卵形，边缘有圆齿状锯齿，核果斜卵状圆锥形，上面偏斜，凹陷。花期4月，果期9—11月。

🔔 阳性树种，喜光，喜温暖环境。适生于深厚、肥沃、湿润的土壤，对土壤的适应性强。深根性，侧根广展，抗风力强。忌积水，不耐干旱和贫瘠。生长慢，寿命长。

🏵 树姿端庄，高大雄伟，秋叶变成褐红色，是观赏秋叶的优良树种；可孤植、丛植于公园和广场的草坪、建筑旁作庭荫树，或与常绿树种混植作风景林。

【分布】主岛，环湖东路。

31. 朴树

🏵 *Celtis sinensis*

⬤ 榆科（Ulmaceae）朴属（*Celtis*）

🌿 落叶乔木，树皮平滑，灰色；叶互生；叶片宽卵形至狭卵形，先端急尖至渐尖，基部圆形或阔楔形，中部以上边缘有浅锯齿，三出脉；核果近球形，红褐色。花期4月，果熟期9—10月。

🔔 喜光，喜温暖湿润气候，适生于肥沃平坦之地。对土壤要求不严，有一定耐干旱能力，小耐水湿，适应力较强。

🏵 树冠圆满宽广，树荫浓郁，雄伟壮观；孤植于草坪或旷地，列植于街道两旁，都有良好的景观效果。

🏵 各景区均有分布。

朴树

小叶朴

32. 小叶朴

🌸 *Celtis bungeana*

🌿 榆科（Ulmaceae）朴属（*Celtis*）

🌱 落叶乔木，高达 10 m，树皮灰色或暗灰色；叶厚纸质，狭卵形，中部以上疏具不规则浅齿，有时一侧近全缘；果单生叶腋，近球形，成熟时蓝黑色。花期 4—5 月，果期 10—11 月。

🔔 喜光，稍耐阴，耐寒；喜深厚、湿润的中性黏质土壤。深根性，萌蘖力强，生长较慢。对病虫害、烟尘污染等抗性较强。

🌼 树体高大、荫质浓厚，具有古朴的树姿风貌，又有季相变化，是园林中较优美的观赏树种。

🏡 环湖东路，环湖北路。

33. 珊瑚朴

🌸 *Celtis julianae*

🌿 榆科（Ulmaceae）朴属（*Celtis*）

🌱 落叶乔木，高达 30 m，树皮淡灰色至深灰色；叶厚纸质，宽卵形至尖卵状椭圆形，叶面粗糙至稍粗糙；果单生叶腋，椭圆形至近球形，熟时橙红色。花期 3—4 月，果期 9—10 月。

🔔 阳性树种，喜光，略耐阴。适应性强，不择土壤，耐寒，耐旱，耐水湿和瘠薄。深根性，抗风力强，抗污染力强。生长速度中等，寿命长。

🌸 树体高大，叶茂荫浓，春日枝上生满红褐色花，入秋又有红果，均颇美观。

🏝 主岛。

珊瑚朴的叶与花

珊瑚朴

34. 沙朴

🌿 *Aphananthe aspera*

🌐 榆科（Ulmaceae）糙叶树属（*Aphananthe*）

🍃 落叶乔木，叶纸质，卵形或卵状椭圆形，叶面被刚伏毛，粗糙；雄聚伞花序生于新枝的下部叶腋，雌花单生于新枝的上部叶腋；核果近球形、椭圆形或卵状球形，长8～13mm，直径6～9mm，由绿变黑。花期3—5月，果期8—10月。

🔔 喜光也耐阴，喜温暖湿润的气候和深厚肥沃的沙质壤土。对土壤要求不严，但不耐干旱瘠薄，抗烟尘和有毒气体。

🌸 树体高大雄伟，荫质浓厚，成年后又能显示出古朴的树姿风貌，为园林中较优美的庭荫树、行道树。

🏝 主岛，环湖北路。

沙朴

沙朴的叶和果实

35. 桑树

🌸 *Morus alba*

🌍 桑科（Moraceae）桑属（*Morus*）

🌿 落叶乔木，树皮灰色，具不规则浅纵裂；叶卵形或广卵形，边缘具粗钝锯齿，雄花序淡绿色；聚花果长卵形至圆柱形，成熟时红色或暗紫色。花期4—5月，果期5—8月。

🔔 喜光，喜温暖，适应性强，稍耐寒，耐干旱贫瘠和水湿，对土壤要求不严。

🍃 树冠宽阔，树叶茂密，秋季叶色变黄，颇为美观，适于城市、工矿区及农村四围绿化。

💀 哈尼岛，醉花岛，蝴蝶岛，环湖北路。

桑树的叶

37. 玉兰

🌸 *Magnolia denudata*

🌍 木兰科（Magnoliaceae）木兰属（*Magnolia*）

🌿 落叶乔木，枝扩展成阔伞形树冠；树皮灰色；叶薄革质，长椭圆形或披针状椭圆形，先端长渐尖或尾状渐尖，基部楔形。花白色，极香；花被片10片，披针形，长6～8cm，宽2.5～4.5cm；花期3月。

🔔 适宜生长于温暖湿润气候和肥沃疏松的土壤，喜光。不耐干旱，也不耐水涝，根部受水淹2～3d即枯死。对二氧化硫、氯气等有毒气体比较敏感，抗性差。

🍃 先花后叶，花洁白、美丽且清香，早春开花时犹如雪涛云海，蔚为壮观，具有很高的观赏价值。

💀 主岛，环湖北路。

构树

构树的叶

36. 构树

🌸 *Broussonetia papyrifera*

🌍 桑科（Moraceae）构属（*Broussonetia*）

🌿 落叶乔木，叶螺旋状排列，广卵形至长椭圆状卵形，先端渐尖，基部心形，两侧常不相等，边缘具粗锯齿，不分裂或3～5裂，表面粗糙，疏生糙毛，背面密被绒毛。花雌雄异株；雄花序为柔荑花序，雌花序为球形头状。聚花果成熟时橙红色，肉质。花期4—5月，果期6—7月。

🔔 喜光，适应性强，耐干旱瘠薄，也能生于水边，多生于石灰岩山地，也能在酸性土及中性土中生长；耐烟尘，抗大气污染力强。

🍃 枝叶茂密，果实酸甜，可食用，是城乡绿化的重要树种，尤其适合用于矿区及荒山坡地绿化，亦可选作庭荫树及防护林。

💀 醉花岛，蝴蝶岛，环湖北路。

玉兰的花

玉兰

🌿 枝叶茂密，冠大荫浓，树姿雄伟，四季常绿，是城市绿化的优良树种。

🏵 主岛，醉花岛，环湖北路。

香樟

43. 北美枫香

🌱 *Liquidambar styraciflua*

🍃 金缕梅科（Hamamelidaceae）枫香树属（*Liquidambar*）

🌿 落叶乔木，叶片 5～7 裂，互生，春、夏叶色暗绿，秋季叶色变为黄色、紫色或红色，落叶晚，在部分地区叶片挂树直到翌年 2 月，是非常好的园林观赏树种。

🔔 亚热带湿润气候树种。喜光照，耐部分遮阴，根深抗风，萌发能力强。适应性强，但以肥沃、潮湿、冲积性黏土和江河底部的肥沃黏性微酸土壤最好。

🌳 观叶树种，秋季叶色亮丽，是著名的秋季观叶树种。

🏵 主岛。

北美枫香

44. 杜仲

🌱 *Eucommia ulmoides*

🍃 杜仲科（Eucommiaceae）杜仲属（*Eucommia*）

🌿 落叶乔木，树皮灰褐色，粗糙，内含橡胶，折断拉开有多数细丝。叶椭圆形、卵形或矩圆形，缘有锯齿，薄革质，基部圆形或阔楔形，先端渐尖；花于叶前开放或与叶同放；翅果狭长椭圆形，扁平。早春开花，秋后果实成熟。

🔔 喜温暖湿润气候和阳光充足的环境，能耐严寒，成株在 -20℃的条件下可正常生存，我国大部地区均可栽培，适应性强，对土壤没有严格要求，但以土层深厚、疏松肥沃、湿润、排水良好的壤土最宜。

🌳 树干端直，枝叶茂密，树形整齐优美，可作庭园绿荫树或行道树。

🏵 醉花岛。

杜仲

三球悬铃木

45. 三球悬铃木

🌐 *Platanus orientalis*

⭕ 悬铃木科（Platanaceae）悬铃木属（*Platanus*）

🌳 落叶大乔木，树皮薄片状脱落；叶大，轮廓阔卵形，基部浅三角状心形，或近于平截，上部掌状 5 ～ 7 裂，稀为 3 裂；雄性球状花序无柄；雌性球状花序常有柄。果枝长 10 ～ 15 cm，有圆球形头状果序 3 ～ 5 个，稀为 2 个；小坚果之间有黄色绒毛，突出头状果序外。

🔥 喜光，喜湿润温暖气候，较耐寒。对土壤要求不严，但适生于微酸性或中性、排水良好的土壤，微碱性土壤虽能生长，但易发生黄化。生长迅速，适应性强，易成活，耐修剪，抗烟尘，对二氧化硫、氯气等有毒气体有较强的抗性。

🌼 树形雄伟端庄，叶大荫浓，干皮光滑，为世界著名的优良庭荫树和行道树。

💀 醉花岛。

山楂的果

46. 山楂

🌐 *Crataegus pinnatifida*

⭕ 蔷薇科（Rosaceae）山楂属（*Crataegus*）

🌳 落叶乔木，树皮粗糙，暗灰色或灰褐色；叶片宽卵形或三角状卵形，通常两侧各有 3 ～ 5 羽状深裂片，基部 1 对分裂较深；复伞房花序多花，白色，果实近球形、深红色，有浅色斑点。花期5—6月，果期9—10月。

山楂

🔥 适应性强，喜凉爽、湿润的环境，既耐寒又耐高温，在−36 ～ 43℃均能生长，喜光也能耐阴。

🌼 树冠整齐，花繁叶茂，果实鲜红、可爱，是观花、观果的园林绿化优良树种。

💀 主岛，哈尼岛。

枇杷的果

47. 枇杷

🌐 *Eriobotrya japonica*

⭕ 蔷薇科（Rosaceae）枇杷属（*Eriobotrya*）

🌳 常绿小乔木，叶片革质，常为倒披针状椭圆形，上部边缘有疏锯齿，基部全缘；圆锥花序顶生，花瓣白色；果实球形或长圆形，黄色或橘黄色。花期10—12月，果期翌年5—6月。

枇杷的叶和花

🔥 喜光，稍耐阴，喜温暖气候，稍耐寒,不耐严寒,宜在肥沃、湿润而排水良好的土壤中生长，寿命较长但生长缓慢。

枇杷

🌼 树形丰满，叶片常绿而有光泽。淡淡的小白花，成熟时黄色的果子，都可以作为观赏的对象。

🏠 各景区均有分布。

48. 石楠

🌸 *Photinia serrulata*

🔵 蔷薇科（Rosaceae）石楠属（*Photinia*）

🍃 常绿灌木或中型乔木，叶片革质，长椭圆形、长倒卵形或倒卵状椭圆形。花期 6—7 月，复伞房花序顶生，花瓣白色。果熟期 10—11 月，果实球形，红色，后成褐紫色。

🌡 喜光，喜温暖湿润气候，耐干旱瘠薄，不耐水湿。耐寒性强，能耐最低温度为 −18 ℃，也有很强的耐阴能力。适宜各类中肥土质。

🌼 枝繁叶茂，终年常绿。早春幼枝嫩叶为紫红色，枝叶浓密，老叶经过秋季后部分出现赤红色，夏季密生白色花朵，秋后鲜红果实缀满枝头，鲜艳夺目，观赏价值极高。

🏠 各景区均有分布。

石楠

楼木石楠的叶

楼木石楠的花

49. 楼木石楠

🌸 *Photinia davidsoniae*

🔵 蔷薇科（Rosaceae）石楠属（*Photinia*）

🍃 常绿乔木，幼枝黄红色，后成紫褐色，老时灰色，无毛，有时具刺。叶片革质，长圆形或倒披针形，先端急尖或渐尖，有短尖头，基部楔形，边缘稍反卷，有具腺的细锯齿，上面光亮。花多数密集成顶生复伞房花序，果实球形或卵形，直径 7～10 mm，黄红色，无毛。花期 5 月，果期 9—10 月。

🌡 喜温暖湿润和阳光充足的环境。耐寒、耐阴、耐干旱，不耐水湿，萌芽力强，耐修剪。生长适温在 10～25 ℃，冬季能耐 −10 ℃低温。

🌼 树冠长圆形，春、秋季叶绯红，冬季叶色浓绿，花枝繁密，果实亮丽，四季皆可观赏。

🏠 主岛，醉花岛，蝴蝶岛。

木瓜

木瓜的干

50. 木瓜

🕸 *Chaenomeles sinensis*

🔵 蔷薇科（Rosaceae）木瓜属（*Chaenomeles*）

🌱 落叶小乔木，树皮成片状脱落；叶片椭圆卵形或椭圆长圆形，稀倒卵形，边缘有刺芒状尖锐锯齿；花单生于叶腋，花梗短粗，花瓣倒卵形，淡粉红色；果实长椭圆形，暗黄色，木质，味芳香。花期 4 月，果期 9—10 月。

🔔 对土质要求不严，但在土层深厚、疏松肥沃、排水良好的沙质土壤中生长较好，低洼积水处不宜种植。不耐阴，喜温暖环境。

🍃 观姿、观花、观果树种，树姿优美，花簇集中，花量大，花色美，果实芳香可赏。

☠ 主岛，哈尼岛，醉花岛，环湖北路。

51. 海棠花

🕸 *Malus spectabilis*

🔵 蔷薇科（Rosaceae）苹果属（*Malus*）

🌱 落叶乔木，叶片椭圆形至长椭圆形，边缘有紧贴细锯齿，有时部分近于全缘；花序近伞形，有花 4～6 朵，花瓣卵形，白色；果实近球形，黄色。花期 4—5 月，果期 8—9 月。

🔔 性喜温暖，喜阳光，耐寒，喜湿润，但又相当耐旱，喜肥沃、排水良好的土壤。

🍃 著名的观赏花木之一，不仅花色艳丽，其果实也玲珑可观。

☠ 主岛。

海棠花

52. 西府海棠

🌸 *Malus micromalus*

🌿 蔷薇科（Rosaceae）苹果属（*Malus*）

🌱 落叶小乔木，树枝直立性强；叶片长椭圆形或椭圆形；伞形总状花序，有花 4 ~ 7 朵，集生于小枝顶端，粉红色；果实近球形，红色。花期 4—5 月，果期 8—9 月。

🔔 喜光，耐寒，忌水涝，忌空气过湿，较耐干旱。

🍀 树姿直立，花朵密集，花红，叶绿，果美，观赏性极强。

🌼 环湖东路。

西府海棠的果

西府海棠的花

53. 垂丝海棠

🌸 *Malus halliana*

🌿 蔷薇科（Rosaceae）苹果属（*Malus*）

🌱 落叶小乔木，树冠疏散，枝开展。叶片卵形或椭圆形至长椭卵形；伞房花序，花瓣倒卵形，粉红色；果实梨形或倒卵形，直径 6 ~ 8 mm，略带紫色。花期 3—4 月，果期 9—10 月。

🔔 性喜阳光，不耐阴，也不甚耐寒，喜温暖湿润环境，适生于阳光充足、背风之处。土壤要求不严，但在土层深厚、疏松肥沃、排水良好、略带黏质的土壤中生长更好。

🍀 树形绰约多姿，花梗纤细而下垂，花姿柔媚，花色艳美，具有很强的观赏性。

🌼 各景区均有分布。

垂丝海棠

54. 梨树

🌸 *Pyrus sorotina*

🌿 蔷薇科（Rosaceae）梨属（*Pyrus*）

🌱 落叶乔木，在幼树期树皮光滑，树龄增大后树皮变粗，纵裂或剥落。单叶，互生，叶缘有锯齿，叶形多数为卵或长卵圆形。花为伞房花序，白色。果实有圆形、扁圆形、椭圆形、瓢形等；果皮分黄

梨树的果

梨树的叶

色或褐色两大类。

🌿 喜光，对土壤的适应性强，喜土层深厚、土质疏松的土壤，需水量较多。

🌸 叶形叶色多样，就叶色而言有春色叶、秋色叶之分，有的品种嫩叶红色，展叶后转为绿色；有的品种到秋天叶片变为亮黄色、红褐色或紫红色，极具观赏性，花瓣白色，果实累累。

💀 主岛。

杜梨的花　　　　　杜梨

55. 杜梨

🌱 *Pyrus betulaefolia*

🔵 蔷薇科（Rosaceae）梨属（*Pyrus*）

🌳 落叶乔木，叶片菱状卵形至椭圆状卵形，先端长渐尖，边缘有粗尖齿；伞形总状花序，花白色；梨果球形，黑褐色，有斑点。花期4月，果期8—9月。

🌿 喜光，稍耐阴，耐寒，耐干旱、瘠薄。对土壤要求不严，在碱性土中也能生长。

🌸 杜梨树形优美，树冠整齐，枝叶茂盛，花色洁白，是优良的春季观花树种。

💀 主岛。

紫叶李的果

56. 紫叶李

🌱 *Prunus cerasifera* f. *atropurpurea*

🔵 蔷薇科（Rosaceae）李属（*Prunus*）

🌳 落叶小乔木，枝叶常年呈紫红色；叶片椭圆形、卵形或倒卵形，先端急尖，基部楔形或近圆形，边缘有圆钝锯齿，有时混有重锯齿，花常3朵族生，白色，先叶开放，花期3—4月；核果近球形或椭圆形，黄色、红色或黑色，果熟期7—8月。

🌿 喜光、温暖湿润气候，较耐水湿，也有一定的抗旱能力。对土壤适应性强，但在肥沃、深厚、排水良好的黏质中性或酸性土壤中生长良好，根系较浅，萌生力较强。

🌸 叶整个生长季节都为紫红色，初春白花繁密，入夏果实缀满枝头，是重要的园林观叶树种，同时也是优良的观花观果树种。

💀 各景区均有分布。

紫叶李

杏树

57. 杏树

🌳 *Armeniaca vulgaris*

🔵 蔷薇科 (Rosaceae) 梅属 (*Armeniaca*)

🍃 落叶乔木，树冠圆形、扁圆形或长圆形；树皮灰褐色，纵裂；叶片宽卵形或圆卵形，先端急尖至短渐尖；花单生，先于叶开放；白色或带红色；果实球形，黄色至黄红色，常具红晕；花期3—4月，果期6—7月。

🌷 阳性树种，适应性强，深根性，喜光，耐旱，抗寒，抗风，寿命可达百年以上，为低山丘陵地带的主要栽培果树。

🌼 早春开花，先花后叶，是优良的春花树种。

💀 主岛，哈尼岛，蝴蝶岛，环湖北路。

梅花

58. 梅花

🌸 *Armeniaca mume*

🌿 蔷薇科（Rosaceae）梅属（*Armeniaca*）

🌳 落叶小乔木，树皮浅灰色或带绿色，平滑；小枝绿色；叶片卵形；花先于叶开放；果实近球形，黄色或绿白色。花期冬春季，果期5—6月。

🌲 阳性树种，喜温暖湿润、通风良好的环境，较耐寒，对土壤要求不严，较耐瘠薄，怕积水。

🌱 重要的园林观花观叶树种。早春花先叶开放，花朵布满全树，绚丽夺目，妩媚可爱。

☠ 醉花岛。

59. 杏梅

🌸 *Armeniaca mume* var. *bungo*

🌿 蔷薇科（Rosaceae）梅属（*Armeniaca*）

🌳 落叶小乔木，枝和叶似山杏；花半重瓣，粉红色。花期较晚，抗寒性较强。

🌲 阳性树种，喜温暖气候，有一定的耐寒力。对土壤要求不严，比较耐瘠薄，在弱碱性土中能正常生长。

🌱 重要的观花树种，花期大多介于梅的中花品种与晚花品种之间，若梅园种植杏梅，可在中花与晚花品种间起衔接作用。

☠ 醉花岛。

杏梅

60. 美人梅

美人梅

🌸 *Armeniaca mume* cv . Meiren

🌿 蔷薇科（Rosaceae）梅属（*Armeniaca*）

🌳 落叶小乔木，由重瓣粉型梅花与红叶李杂交而成。叶片卵圆形，叶片紫红色，叶缘有细锯齿，花色浅紫，重瓣花，先叶开放，花期3—4月。

🌲 属阳性树种，在阳光充足的地方生长健壮，开花繁茂；抗旱性较强，喜空气湿度大，不耐水涝；对土壤要求不严，以微酸性（pH值为6左右）的黏土为好；抗寒性强。

🌱 重要的园林观花观叶树种。早春花先叶开放，紫红色的花朵布满全树，绚丽夺目，妩媚可爱。

☠ 主岛，环湖东路。

61. 桃树

桃树的花

🌼 *Amygdalus persica*

🌿 蔷薇科（Rosaccac）桃属（*Amygdalus*）

🌲 落叶乔木，树冠宽广而平展；树皮暗红褐色，老时粗糙呈鳞片状；叶片长圆披针形、椭圆披针形或倒卵状披针形；花单生，先于叶开放，粉红色，罕为白色；果实形状和大小均有变异，卵形、宽椭圆形或扁圆形，色泽变化由淡绿白色至橙黄色，常在向阳面具红晕，外面密被短柔毛。花期3—4月，果期通常为8—9月。

🔔 喜光，稍耐阴，不耐寒，耐干旱、瘠薄。对土壤要求不严，在碱性土中也能生长。

🌼 花繁叶茂，果实鲜红可爱，是观花观果的园林绿化优良树种。

💀 各景区均有分布。

碧桃的花

碧桃

62. 碧桃

🌼 *Amygdalus persica* var. *persica* f. *duplex*

🌿 蔷薇科（Rosaceae）桃属（*Amygdalus*）

🌲 落叶乔木，形态特征与桃基本相同，花淡红色，重瓣。

🔔 性喜阳光，耐旱，不耐潮湿的环境。喜欢气候温暖的环境，

耐寒性好，能在−25℃的自然环境安然越冬。要求土壤肥沃、排水良好。

🌼 春季观花树种，开花时绚丽可人，观赏期15d左右。

💀 主岛，蝴蝶岛。

63. 紫叶碧桃

🌼 *Amygdalus persica* var. *persica* f. *atropurpurea*

🌿 蔷薇科（Rosaceae）桃属（*Amygdalus*）

🌲 落叶乔木，叶椭圆状披针形，紫色，花单生，先于叶开放，粉红色，罕为白色；果实宽椭圆形或扁圆形。花期3—4月，果期8—9月。

🔔 喜光，耐旱，耐寒，喜肥沃而排水良好的土壤，不耐水湿。耐寒性特别突出。

紫叶碧桃的花

🌼 叶色紫红，颇为美丽。春季开花，颜色繁多，有红、白、淡红等，花瓣重叠，艳丽多姿，具有很高的观赏价值。

💀 主岛，哈尼岛。

櫻花

64. 櫻花

- *Cerasus serrulata*
- 薔薇科（Rosaceae）櫻属（*Cerasus*）
- 落叶乔木，树皮暗栗褐色；叶卵形至卵状椭圆形，边缘具芒齿；花每支有 3～5 朵，伞房状或总状花序，花瓣先端有缺刻，花白色或淡粉红色。花期 3—4 月。棱果球形，黑色，果熟期 7 月。

阳性树种，喜空气湿度大的环境，耐寒，不耐阴湿，不耐盐碱，忌水涝。花期怕大风和烟尘。适宜在疏松、肥沃、排水良好的微酸性或中性的沙质土壤中生长。

櫻花是早春重要的观花树种，盛开时节花繁艳丽，满树烂漫，如云似霞，极为壮观。

各景区均有分布。

65. 日本晚櫻

- *Cerasus serrulata* var. *lannesiana*
- 薔薇科（Rosaceae）櫻属（*Cerasus*）
- 落叶乔木，形态同櫻花。与櫻花的主要区别为花重瓣，花柄、花萼有毛，花期长，且香气袭人。

浅根性树种，喜光，适宜在深厚肥沃而排水良好的土壤中生长，有一定的耐寒能力。

花朵极其美丽，盛开时节，满树烂漫，如云似霞，是早春开花的著名观赏花木。

主岛，哈尼岛。

合欢

日本晚櫻

66. 合欢

- *Albizia julibrissin*
- 豆科（Leguminosae）合欢属（*Albizia*）
- 落叶乔木，高可达 16 m。树干灰黑色；二回羽状复叶，互生；羽片 4～12 对。头状花序，花粉红色；荚果线形，嫩荚有柔毛，老荚无毛。花期 6—7 月；果期 8—10 月。

喜温暖湿润和阳光充足的环境，对气候和土壤适应性强，宜在排水良好、肥沃土壤中生长，但也耐瘠薄土壤和干旱气候，不耐水涝。生长迅速，对二氧化硫、氯化氢等有害气体有较强的抗性。

树姿优雅，花冠伸展，花形别致娇美，美丽清淡，是观赏性强的观姿观花观叶树种。

各景区均有分布。

皂荚

皂荚的果

皂荚的枝叶

67. 皂荚

🌿 *Gleditsia sinensis*

⭕ 豆科（Leguminosae）皂荚属（*Gleditsia*）

🌱 落叶乔木，树高可达 15～20 m，具枝刺；偶数羽状复叶，小叶6～18枚，卵形。顶生总状花序，花淡黄白色; 荚角直而扁平。花期3—5月，果期10月。

🌲 性喜光而稍耐阴，喜温暖湿润气候及深厚肥沃的湿润土壤，但对土壤要求不严。生长速度慢，但寿命长，可达六七百年。

🌸 冠幅开阔，枝条细柔下垂，潇洒多姿，可作庭荫树、行道树。

💀 主岛，哈尼岛。

68. 刺槐

🌿 *Robinia pseudoacacia*

⭕ 豆科（Leguminosae）刺槐属（*Robinia*）

🌱 落叶乔木，高10～25 m；树皮灰褐色至黑褐色；具托叶刺，长达2 cm；小叶2～12对，常对生，椭圆形；总状花序，花序腋生，花白色，芳香；荚果褐色，线状长圆形。花期4—6月，果期8—9月。

🌲 温带树种，喜土层深厚、肥沃、疏松、湿润的土壤，喜光，不耐阴。萌芽力和根蘖性都很强。

🌸 树冠高大，叶色鲜绿，开花季节绿白相映，素雅而芳香；冬季落叶后，枝条疏朗向上，很像剪影，造型有国画韵味。

💀 哈尼岛，环湖东路，环湖北路。

刺槐的枝叶

刺槐的花

刺槐

花期6—7月，果期8—10月。

🌲 性耐寒，抗性强，寿命极长，耐烟尘能力强，对二氧化硫、氯气、氯化氢等有害气体的抗性强；萌芽力强，极耐修剪；适应性强。

🌸 枝叶茂密，绿荫如盖，夏秋可观花，并为优良的蜜源植物。

💀 主岛，哈尼岛，环湖北路。

69. 国槐

🌿 *Sophora japonica*

⭕ 豆科（Leguminosae）槐属（*Sophora*）

🌱 落叶乔木，树皮灰褐色，具纵裂纹。奇数羽状复叶，小叶7～17枚，对生或近互生，纸质，卵状披针形或卵状长圆形。圆锥花序顶生，花冠白色或淡黄色。荚果串珠状，淡黄绿色，干后黑褐色。

国槐

龙爪槐

71. 黄金槐

🌸 *Sophora japonica* 'Winter Gold'

🌿 豆科（Leguminosae）槐属（*Sophora*）

🌱 落叶乔木，一年生树茎、枝为淡绿黄色，入冬后渐转黄色，二年生的树茎、枝为金黄色，树皮光滑；叶互生，6～16 片组成羽状复叶，叶椭圆形，光滑，淡黄绿色。

🌲 耐旱能力和耐寒力强，耐盐碱，耐瘠薄，生长环境要求不高，在酸性到碱性土壤中均能良好生长。

🌼 色泽金黄，是园林绿化的彩色树种，观赏价值高。

🏛 主岛，哈尼岛，环湖北路。

黄金槐的叶

黄金槐

70. 龙爪槐

🌸 *Sophora japonica* var. pendula

🌿 豆科（Leguminosae）槐属（*Sophora*）

🌱 落叶小乔木，羽状复叶；小叶 4～7 对，纸质，卵状披针形或卵状长圆形；小枝扭曲下垂；圆锥花序顶生，花冠白色或淡黄色；荚果串珠状。花期 7—8 月，果期 8—10 月。

🌲 喜光，稍耐阴，能适应干冷气候。喜生于土层深厚、湿润肥沃、排水良好的沙质土壤。

🌼 形态优美，飘逸多姿；开花季节，米黄花序布满枝头，似黄伞蔽目，则更加美丽可爱。

🏛 主岛。

72. 苦楝

🌸 *Melia azedarach*

🌿 楝科（Meliaceae）楝属（*Melia*）

🌱 落叶乔木，树皮灰褐色，叶为 2～3 回奇数羽状复叶；小叶 9 枚，卵形、椭圆形至披针形，边缘有钝锯齿；花紫色，核果卵形，较小；成熟时淡黄色，花期 5—6 月，果期 10—11 月。

🌲 强阳性树种，不耐阴，喜温暖、湿润气候，对土壤要求不严，耐水湿，不耐干旱。

🌼 树形优美，叶形秀丽，春夏之交开淡紫色花朵，颇美丽，且有淡香，宜作为庭荫树及行道树。

🏛 主岛，哈尼岛，北大堤，环湖北路。

苦楝的花

苦楝

潘安湖湿地公园植物研究

苦楝的叶

73. 香椿

香椿的叶

🐝 *Toona sinensis*

🔘 楝科（Meliaceae）香椿属（*Toona*）

🌱 落叶乔木；树皮粗糙，深褐色，片状脱落。偶数羽状复叶，小叶 16～20 枚，对生或互生，纸质，卵状披针形，有特殊气味；花白色，芳香；蒴果狭椭圆形，深褐色。花期 6—8 月，果期 10—12 月。

🌡 强阳性树种，不耐阴，较耐寒，稍耐旱，喜深厚、肥沃的沙质土壤；在酸性、中性、微碱性土壤中均可生长。

🌳 树干通直，树冠开阔，枝叶浓密，嫩叶红艳，常用作庭荫树、行道树。

💀 北大堤，环湖北路。

香椿

重阳木

重阳木的叶

乌桕的叶

乌桕

74. 重阳木

🐝 *Bischofia polycarpa*

🔘 大戟科（Euphorbiaceae）秋枫属（*Bischofia*）

🌱 落叶乔木，树皮褐色，纵裂；树冠伞形；三出复叶；叶片纸质，卵形或椭圆状卵形，顶端突尖或短渐尖，基部圆或浅心形。花雌雄异株，总状花序；果实浆果状，圆球形，直径 5～7 mm，成熟时褐红色。花期 4—5 月，果期 10—11 月。

🌡 暖温带树种，喜光，稍耐阴。喜温暖，耐寒性较弱。对土壤的要求不严，但在湿润、肥沃的土壤中生长最好。耐旱，也耐瘠薄，且能耐水湿，抗风。生长快速，根系发达。

🌳 观姿观花树种，树姿优美，冠如伞盖，花叶同放，花色淡绿，秋叶转红，艳丽夺目。

💀 主岛，哈尼岛，醉花岛，环湖北路。

75. 乌桕

🐝 *Sapium sebiferum*

🔘 大戟科（Euphorbiaceae）乌桕属（*Sapium*）

🌱 落叶乔木，树皮暗灰色，有纵裂纹；叶互生，纸质，叶片菱形至菱状卵形，全缘；穗状花序，花淡黄色；蒴果梨状球形，成熟时黑色。花期 5—6 月，果期 8—10 月。

🌡 喜光，不耐阴。喜温暖环境，不甚耐寒。适生于深厚肥沃、含水丰富的土壤，对酸性土、钙质土、盐碱土均能适应。主根发达，抗风力强，耐水湿。

🌳 树形潇洒，树冠整齐，叶形秀丽，秋叶经霜时如霞似火，十分美观。

💀 各景区均有分布。

76. 黄连木

🐾 *Pistacia chinensis*

◯ 漆树科（Anacardiaceae）黄连木属（*Pistacia*）

🌱 落叶乔木，树皮暗褐色；奇数羽状复叶互生，有小叶 5～6 对，纸质，披针形；花小，先花后叶，绿黄色，花期 4 月；核果扁球形，成熟时紫红色，果期 10—11 月。

🔺 强阳性树种，幼时稍耐阴；耐干旱瘠薄，对土壤要求不严，微酸性、中性和微碱性的沙质、黏质土均能适应，而以在肥沃、湿润而排水良好的石灰岩山地生长最好。

🌼 树冠浑圆，枝叶繁茂而秀丽，早春嫩叶红色，入秋叶又变成深红或橙黄色，红色的雌花序也极美观。

🏯 哈尼岛，醉花岛。

黄连木的叶

黄连木

77. 美国红栌

美国红栌

美国红栌的叶

🐾 *Cotinus coggyria* 'Royal purple'

◯ 漆树科（Anacardiaceae）黄栌属（*Cotinus*）

🌱 落叶乔木，叶色美丽，初春时全部叶片为鲜嫩的红色，娇艳欲滴，春夏之交，叶色红而亮丽；盛夏时节，树体下部叶片开始渐渐转为绿色，但顶梢新生叶片始终为深红色，远看彩色缤纷，而入秋之后随着天气转凉，整体叶色又逐渐转变为深红色，秋霜过后，叶色更加红艳美丽。

🔺 阳性树种，喜温暖湿润气候，也耐半阴；有一定的耐寒性，畏积水和盐碱地，萌芽力强。

🌼 叶色红艳，重要的彩叶树种。

🏯 主岛。

78. 冬青

🐾 *Ilex chinensis*

◯ 冬青科（Aquifoliaceae）冬青属（*Ilex*）

🌱 常绿乔木，叶片薄革质，长椭圆形；聚伞花序；花淡紫色或紫红色；果实为浆果状核果，通常球形，成熟时红色，稀黑色。花期 4—6 月，果期 7—12 月。

🔺 亚热带树种，喜温暖气候，有一定耐寒力。适生于肥沃湿润、排水良好的酸性土壤。较耐阴湿，忌积水，萌芽力强，耐修剪。

🌼 观姿观果观叶树种，树形优美，枝叶碧绿青翠，四季常青，秋冬红果累累，宜用作庭荫树、园景树。

🏯 哈尼岛，蝴蝶岛，环湖东路，环湖北路。

冬青

冬青的叶和果

丝棉木的叶

丝棉木

79. 丝棉木

🌸 *Euonymus maackii*

🍃 卫矛科（Celastraceae）卫矛属（*Euonymus*）

🌳 落叶小乔木，树冠圆形与卵圆形。叶对生，卵状至卵状椭圆形，先端长渐尖，基部近圆形，缘有细锯齿，叶片下垂，秋季叶色变红。花淡绿色，聚伞花序；蒴果粉红色。花期 5 月，果熟期 10 月。

🌲 喜光，稍耐阴；耐寒，对土壤要求不严，耐干旱，也耐水湿，以肥沃、湿润而排水良好的土壤生长最好。

🌼 枝叶娟秀细致，姿态幽丽，秋季叶色变红，果实挂满枝梢，开裂后露出橘红色假种皮，甚为美观。

👪 主岛，哈尼岛。

色木槭的叶

三角槭

三角槭的叶

80. 色木槭

🌸 *Acer mono*

🍃 槭树科（Aceraceae）槭属（*Acer*）

🌳 落叶乔木，树皮粗糙，常纵裂，灰色；叶纸质，基部截形或近于心脏形，常 5 裂；花黄绿色，多朵成顶生圆锥状伞房花序；果核扁平或微隆起，果翅展开钝角。花期 4 月，果期 9—10 月。

🌲 弱阳性，稍耐阴。喜温凉湿润气候，过于干冷及高温处均不见分布。喜湿润肥沃土壤，在酸性、中性、石灰性土壤中均可生长。

🌼 树体高大，叶形美观，秋叶变亮黄色或红色，是著名的秋季观叶树种。

👪 主岛。

81. 三角槭

🌸 *Acer buergerianum*

🍃 槭树科（Aceraceae）槭属（*Acer*）

🌳 落叶乔木，树皮褐色或深褐色，粗糙。叶纸质，基部近于圆形或楔形，外貌椭圆形或倒卵形，通常浅 3 裂；花多数常成顶生被短柔毛的伞房花序，黄绿色；翅果黄褐色；小坚果特别凸起。花期 4 月，果期 8 月。

🌲 弱阳性树种，稍耐阴。喜温暖、湿润环境及中性至酸性土壤。耐寒，较耐水湿，忌涝，萌芽力强，耐修剪。

🌼 树形优美，枝繁叶茂，秋叶橙黄色或红紫色，是著名的秋季观叶树种。

👪 主岛，哈尼岛，蝴蝶岛，环湖北路。

鸡爪槭的叶

红枫

82. 鸡爪槭

🌐 *Acer palmatum*

🔘 槭树科（Aceraceae）槭属（*Acer*）

🍃 落叶小乔木。树皮深灰色。叶纸质，5～9 掌状分裂，通常 7 裂，先端锐尖或长锐尖；花紫红色，翅果嫩时紫红色，成熟时淡棕黄色；两翅展开成钝角，果核球状隆起。花期 4—5 月，果期 9—10 月。

💧 弱阳性树种，耐半阴，在阳光直射处孤植夏季易遭日灼之害；喜温暖湿润气候及肥沃、湿润而排水良好的土壤，耐寒性强，酸性、中性及石灰质土均能适应。

🌸 树姿婆娑，叶形秀丽，入秋后转为鲜红色，色艳如花，灿烂如霞，为优良的观叶树种。

🏛 各景区均有分布。

84. 樟叶槭

🌐 *Acer cinnamomifolium*

🔘 槭树科（Aceraceae）槭属（*Acer*）

🍃 常绿乔木，高 10～20 m，树皮淡黑褐色或淡黑灰色。叶革质，长圆状椭圆形，基部三出脉；花叶同放，花黄绿色。翅果淡黄褐色，花期 4—5 月，果期 8—9 月。

💧 阳性树种，稍耐阴，喜充足日照及温暖多湿的环境，不甚耐寒。

🌸 树冠圆球形，冠荫浓密，四季青翠，可作庭荫树、行道树。

🏛 主岛。

83. 红枫

🌐 *Acer palmatum* var. *atropurpureum*

🔘 槭树科（Aceraceae）槭属（*Acer*）

🍃 落叶小乔木，树皮光滑，呈灰褐色。叶掌状深裂，5～9 裂，裂深至叶基，裂片长卵形或披针形，叶缘锐锯齿。叶色常年鲜红至紫红色；伞房花序，花期 4—5 月。翅果，幼时紫红色，成熟时黄棕色，果核球形，果熟期 10 月。

💧 弱阳性，喜湿润、温暖的气候，较耐阴、耐寒，忌烈日暴晒，但春、秋季能在全光照下生长。对土壤要求不严，适宜在肥沃、富含腐殖质的酸性或中性沙壤土中生长，不耐水涝。

🌸 典型的观叶树种，叶色鲜红美丽。

🏛 各景区均有分布。

樟叶槭的叶

85. 七叶树

七叶树的叶　　　　　　　七叶树的花

🌸 *Aesculus chinensis*

🔵 七叶树科（Hippocastanaceae）
七叶树属（*Aesculus*）

🌳 落叶乔木，高达 25 m，树皮深褐色或灰褐色；掌状复叶；大型圆锥花序，花白色。果实球形或倒卵圆形，黄褐色。花期 4—5 月，果期 10 月。

🌡 喜光，稍耐阴；喜温暖气候，也能耐寒；喜深厚、肥沃、湿润而排水良好的土壤。深根性，萌芽力强；生长速度中等偏慢，寿命长。

🌼 树干耸直，冠大荫浓。初夏繁花满树，硕大的白色花序又似一盏华丽的烛台，蔚然可观。

☠ 主岛。

全缘叶栾树

全缘叶栾树的果

86. 全缘叶栾树

🌸 *Koelreuteria bipinnata* var. *integrifoliola*

🔵 无患子科（Sapindaceae）栾树属（*Koelreuteria*）

🌳 落叶乔木，树皮呈褐色。二回羽状复叶；长椭圆形，近全缘。花细小，黄色，芳香；花聚生于顶部成一大型圆锥形花序。椭圆形蒴果，具三棱；初时呈淡紫红色，成熟时转为红褐色。花期 6—8 月，果熟期 9 月底至 10 月。栾树的习性、用途与本种相近，主要区别为一回羽状复叶，叶边缘具重锯齿或缺刻状分裂。

🌡 阳性树种，喜光，稍耐阴；喜湿润的气候，但对寒冷和干旱有一定的忍耐力。对土壤要求不是很严格，耐瘠薄，喜生于石灰质土壤，也能耐盐渍及短期水涝，在微酸与微碱性的土壤中都能生长，在湿润肥沃的土壤中生长良好。

🌼 树冠广大，枝叶茂密而秀丽，春季红叶似醉，夏季黄花满树，秋叶鲜黄，入秋丹果盈树，均极艳丽，是极为美丽的观赏树种。特别是到 10 月，红色硕果累累，形似灯笼，挂满枝头，辅以绿叶，奇丽多姿。

☠ 各景区均有分布。

文冠果的花

87. 文冠果

🌸 *Xanthoceras sorbifolium*

🌐 无患子科（Sapindaceae）文冠果属（*Xanthoceras*）

🌱 落叶小乔木，叶膜质或纸质，披针形或近卵形；花序先叶抽出或与叶同时抽出，花瓣白色，基部紫红色或黄色，有清晰的脉纹；蒴果长达6厘米。花期春季，果期秋初。

🔆 喜阳，耐半阴，耐寒，耐干旱瘠薄，怕积水，对土壤适应性强。

🌼 树姿秀丽，花序大，花朵稠密，花期长，甚为美观。

🏛 主岛。

88. 无患子

🌸 *Sapindus mukorossi*

🌐 无患子科（Sapindaceae）无患子属（*Sapindus*）

🌱 落叶大乔木，树皮灰褐色或黑褐色；单回羽状复叶；小叶5～8对，通常近对生，叶片薄纸质，长椭圆状披针形或稍呈镰形。花序顶生，圆锥形；花小，绿白色或黄白色；果实近球形，橙黄色，干时变黑。花期5—6月，果期7—8月。

🔆 喜光，稍耐阴，喜温暖湿润气候，耐寒能力不强。对土壤要求不严，深根性，抗风力强。萌芽力弱，不耐修剪。

🌼 树体优美，花期长达两个月，叶在秋季呈现独特的黄橙红渐变色，果实到了秋季也是挂满枝头，是较好的观叶、观花、观果类树种，视觉上极富吸引力。

🏛 环湖东路，环湖北路。

无患子的叶

无患子的果

无患子

89. 枳椇

🌸 *Hovenia acerba*

🌐 鼠李科（Rhamnaceae）枳椇属（*Hovenia*）

🌱 落叶大乔木，叶互生，厚纸质至纸质，宽卵形、椭圆状卵形，边缘常具整齐浅而钝的细锯齿，上部或近顶端的叶有不明显的齿，稀近全缘；花瓣椭圆状匙形，浆果状核果近球形，成熟时黄褐色或棕褐色。花期5—7月，果期8—10月。

🔆 喜光，适应环境能力较强，抗旱，耐寒，又耐较瘠薄的土壤。

🌼 树势优美，枝叶繁茂，叶大浓荫，果梗虬曲，状甚奇特。

🏛 主岛。

文冠果的果

枳椇

枳椇的果

枣树的叶和果

梧桐的叶

90. 枣树

🌸 *Ziziphus jujuba*

🍂 鼠李科（Rhamnaceae）枣属（*Ziziphus*）

🌳 落叶小乔木，稀为灌木，高达 10 m；树皮褐色或灰褐色；叶纸质，卵形。花小，黄绿色；核果矩圆形或长卵圆形，成熟时红色，花期 5—7 月，果期 8—9 月。

🔥 喜光性强，对光反应较敏感，对土壤适应性强，耐贫瘠、耐盐碱。

🌼 枝干强劲，翠叶垂荫，秋季朱实累累，既是良好的观姿树种，又是优美的观果树种。

🏛 环湖北路。

91. 梧桐

🌸 *Firmiana platanifolia*

🍂 梧桐科（Sterculiaceae）梧桐属（*Firmiana*）

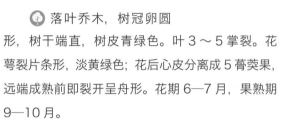

梧桐

🌳 落叶乔木，树冠卵圆形，树干端直，树皮青绿色。叶 3～5 掌裂。花萼裂片条形，淡黄绿色；花后心皮分离成 5 蓇葖果，远端成熟前即裂开呈舟形。花期 6—7 月，果熟期 9—10 月。

🔥 喜光，喜温暖湿润气候，耐寒性不强；喜肥沃、湿润、深厚而排水良好的土壤，在酸性、中性及钙质土中均能生长。

🌼 观干树种，干形端直，干皮青绿，叶大荫浓，清爽宜人。

🏛 主岛，哈尼岛，北大堤，环湖东路。

92. 柽柳

🌸 *Tamarix chinensis*

🍂 柽柳科（Tamaricaceae）柽柳属（*Tamarix*）

🌳 落叶灌木或小乔木，树皮红褐色；枝红紫色或暗紫红色，细长而常下垂；叶长卵状披针形，先端尖，基部背面有龙骨状隆起；总状花序侧生在木质化的小枝上，花粉红色；果实宿存；花盘 5 裂，裂片先端圆或微凹，紫红色，肉质。花期 4—9 月，果熟期 10 月。

🔥 耐高温和严寒，喜光，不耐遮阴。耐旱又耐水湿，抗风又耐碱土，能在含盐量 1% 的重盐碱地中生长。

🌼 枝条细柔，姿态婆娑，开花如红蓼，颇为美观。

🏛 主岛。

柽柳

93. 石榴

🌐 *Punica granatum*

🍃 石榴科（Punicaceae）石榴属（*Punica*）

🌼 落叶小乔木，叶椭圆状披针形，叶色浓绿，油亮光泽。花萼硬，红色，肉质，开放之前呈葫芦状。花红色，重瓣，花期长。果古铜红色，挂果期长。花期6—9月，果期9—11月。

石榴

石榴的叶和花

🌡 性喜温暖、阳光充足和干燥的环境，不耐水涝，不耐阴，对土壤要求不严，以肥沃、疏松而排水良好的沙质土壤最好。

🌸 枝繁叶茂，花色艳丽，果实繁多，具有独特的观赏价值。

👥 各景区均有分布。

水紫树

水紫树的叶

灯台树

94. 水紫树

🌐 *Nyssa aquatica*

🍃 蓝果树科（Nyssaceae）紫树属（*Nyssa*）

🌼 落叶乔木，树叶卵形，长10～15 cm，下表面被毛；叶柄长、多毛，叶正面亮绿，反面灰白。秋季红紫色或黄色。3～4月开淡绿色小花，雌花有长梗，较出叶早或同时。椭圆形核果长1～4 cm，紫色到蓝色，比果梗短；树干基部膨大。

🌡 常生长在泥沼和沼泽地，水深有时达6 m，在一些地区长期保持4 m左右。生长土壤包括黏土、淤泥、沙地、淋溶土、新成土、有机土和新开发土。

🌸 观花、观叶、观果树种，可作为园林树种搭配，形成色彩鲜艳的风景线。

👥 主岛。

95. 灯台树

🌐 *Bothrocaryum controversum*

🍃 山茱萸科（Cornaceae）灯台树属（*Bothrocaryum*）

🌼 落叶大乔木，株高可达25 m，树冠近圆锥形；单叶互生，宽卵形或椭圆状卵形；聚伞花序顶生，花序长约12 cm，白色微黄。核果球形，紫红色至蓝黑色。花期5—6月，果熟期8—10月。

🌡 暖温带树种，适应性强，耐寒、耐热，生长快。

🌸 树姿奇特，宜孤植于庭院、草地供观赏，也可以作为行道树。

👥 主岛。

毛梾的叶 　　　　　　毛梾的果

柿树

96. 毛梾

🌸 *Swida walteri*

🔵 山茱萸科（Cornaceae）梾木属（*Swida*）

🌱 落叶乔木，高 6～15 m；树皮黑褐色，叶对生，纸质，椭圆形或阔卵形，先端渐尖，基部楔形，有时稍不对称；伞房状聚伞花序顶生，花密，白色，有香味；核果球形，成熟时黑色。花期 5 月，果期 9 月。

🌡 适应性强，对温度、湿度、土壤条件要求不严。在排水良好、土层深厚的中性沙壤土中生长较好。

🌼 树干直，枝叶茂密，树冠大而美观，花可赏。

💀 主岛。

98. 秤锤树

🌸 *Sinojackia xylocarpa*

🔵 安息香科（Styracaceae）秤锤树属（*Sinojackia*）

🌱 落叶乔木；叶纸质，倒卵形或椭圆形，边缘具硬质锯齿；总状聚伞花序生于侧枝顶端，有花 3～5 朵；果实卵形，红褐色；花果均下垂。花期 3—4 月，果期 7—9 月。

🌡 北亚热带树种，具有较强的抗寒性，能忍受 -16℃的短暂极端最低温。喜光，幼苗、幼树不耐阴，喜生于深厚、肥沃、湿润、排水良好的土壤中，不耐干旱、瘠薄。

🌼 枝叶浓密，色泽苍翠，初夏盛开白色小花，花白如雪，秋季叶落后宿存的悬挂果实，宛如秤锤一样，颇具野趣。

💀 主岛。

97. 柿

🌸 *Diospyros kaki*

🔵 柿科（Ebenaceae）柿属（*Diospyros*）

🌱 落叶大乔木，树皮深灰色至灰黑色；叶纸质，卵状椭圆形至倒卵形或近圆形；花雌雄异株，花序腋生，为聚伞花序；果形有球形、扁球形等；花期 5—6 月，果期 9—10 月。

🌡 深根性树种，又是阳性树种。喜温暖气候，喜充足阳光和深厚、肥沃、湿润、排水良好的土壤；较耐寒，耐瘠薄，抗旱性强，不耐盐碱土。

🌼 叶片大而厚。秋季柿果红彤彤，外观艳丽诱人，晚秋柿叶也变成红色，景观极为美丽，具有很高的观赏价值。

💀 主岛，哈尼岛，醉花岛，环湖北路。

秤锤树

白蜡的叶

白蜡的果

99. 白蜡

🉐 *Fraxinus chinensis*

🉑 木樨科（Oleaceae）
白蜡树属 （*Fraxinus*）

🌳 落叶乔木，树皮灰褐色，纵裂。羽状复叶长 15～25 cm；叶柄长 4～6 cm。圆锥花序顶生或腋生枝梢，长 8～10 cm；花雌雄异株；雄花密集，花萼小，钟状，长约 1 mm，无花冠，花药与花丝近等长；雌花疏离，花萼大，桶状，4 浅裂，花柱细长，柱头 2 裂。翅果匙形，长 3～4 cm，宽 4～6 mm。花期 4—5 月，果期 7—9 月。

🌡 喜光，对霜冻较敏感；喜深厚较肥沃湿润的土壤，较耐轻盐碱十。

🌿 形体端正，树干通直，枝叶繁茂而鲜绿，秋叶橙黄，是优良的园林树种。

☠ 主岛。

100. 美国白蜡

🉐 *Fraxinus americana*

🉑 木樨科（Oleaceae）白蜡树属（*Fraxinus*）

🌳 落叶乔木，树势雄伟，小枝圆形，粗壮。奇数羽状复叶，小叶 7 枚，叶片卵形或卵状披针形，表面暗绿色，有光泽。秋季叶片紫红，鲜艳夺目。

🌡 喜光，能耐侧方庇荫，喜温暖，也耐寒。喜肥沃湿润的环境，能耐干旱、瘠薄，也稍能耐水湿，喜钙质壤土或沙壤土，并耐轻盐碱，抗烟尘，深根性。

🌿 观叶树种，树形优美，可增添园林色彩。

☠ 北大堤。

美国白蜡

101. 流苏树

🉐 *Chionanthus retusus*

🉑 木樨科（Oleaceae）流苏树属（*Chionanthus*）

🌳 落叶乔木，叶片革质或薄革质，椭圆形至倒卵形；聚伞状圆锥花序，花裂片线形，白色；果椭圆形，被白粉，呈蓝黑色或黑色。花期 3—6 月，果期 6—11 月。

🌡 喜光，不耐阴，耐寒、耐旱，忌积水，生长速度较慢，寿命长，耐瘠薄，对土壤要求不严，但在肥沃、通透性好的沙壤土中生长最好，有一定的耐盐碱能力。

🌿 高大优美，枝叶繁茂，花期如雪压树，且花形纤细，秀丽可爱，气味芳香，是优良的园林观赏树种。

☠ 醉花岛。

流苏树

流苏树的花

102. 女贞

🌱 *Ligustrum lucidum*

🌐 木樨科 (Oleaceae) 女贞属 (*Ligustrum*)

🌼 常绿乔木，树皮灰褐色；叶片革质，椭圆状披针形、卵状披针形或长卵形。圆锥花序疏松，顶生或腋生，花白色；果椭圆形或近球形，蓝黑色或黑色，有白粉。花期 6—7 月，果期 10—12 月。

🌲 喜光，稍耐阴，较耐寒，为深根性树种。须根发达，生长快，萌芽力强，耐修剪，但不耐瘠薄。

🌳 枝叶清秀，四季常绿，夏日白花满树，是很有观赏价值的园林树种。

☠ 各景区均有分布。

女贞

女贞的叶

103. 桂花

🌱 *Osmanthus fragrans*

🌐 木樨科 (Oleaceae) 木樨属 (*Osmanthus*)

🌼 常绿乔木，叶片革质，椭圆形、长椭圆形或椭圆状披针形，全缘或通常上半部具细锯齿。聚伞花序簇生于叶腋，花极香；花冠黄白色、淡黄色、黄色或橘红色。果歪斜，椭圆形，紫黑色。花期 9 月至 10 月上旬，果期翌年 3 月。

🌲 阳性树种，稍耐阴，性喜温暖、湿润和通风良好的环境，不耐寒；喜排水良好的沙质土壤，忌涝，忌盐碱和黏重土壤。

🌳 桂花终年常绿，枝繁叶茂，秋季开花，芳香四溢，可谓"独占三秋压群芳"。

☠ 各景区均有分布。

104. 紫丁香

🌱 *Syringa oblata*

🌐 木樨科 (Oleaceae) 丁香属 (*Syringa*)

🌼 落叶灌木或小乔木。叶广卵形，端锐尖，基心形或截形，全缘；花两性，圆锥花序，花萼钟状，有 4 齿，花冠紫色；果倒卵状椭圆形、卵形至长椭圆形。花期 4—5 月，果期 6—10 月。

🌲 喜充足阳光，也耐半阴。适应性较强，耐寒、耐旱、耐瘠薄，病虫害较少。以排水良好、疏松的中性土壤为宜，忌酸性土壤。忌积涝、湿热，一般不需要多浇水。

🌳 具有独特的芳香、硕大繁茂的花序、优雅而调和的花色、丰满而秀丽的姿态，在观赏花木中享有盛名。

☠ 各景区均有分布。

桂花

桂花的花

紫丁香的花

毛泡桐的叶

毛泡桐的花

105. 毛泡桐

🌼 *Paulownia tomentosa*

🔵 玄参科（Scrophulariaceae）泡桐属（*Paulownia*）

🔵 落叶乔木，树皮灰色、灰褐色或灰黑色。假二杈分枝。单叶，对生，叶大，卵形，全缘或有浅裂。花大，淡紫色或紫色；蒴果卵形或椭圆形。花期4—5月，果熟期9—10月。

🔴 阳性树种，不耐阴，喜温暖气候，耐寒性强，喜深厚、肥沃、排水良好的土壤，耐干旱，怕涝，萌芽力强。

🔵 树姿优美，花色美丽鲜艳，春天繁花似锦，夏日浓荫如盖。

🏠 主岛。

106. 楸树

🌼 *Catalpa bungei*

🔵 紫葳科（Bignoniaceae）梓属（*Catalpa*）

🌲 落叶乔木，树干耸直，叶三角状卵形，全缘，基部截形，阔楔形或心形；顶生伞房状总状花序，花冠浅粉色，内面具有暗紫色斑点；蒴果细长圆柱形。花期4—5月，果期7—8月。

🔴 喜光，较耐寒，喜深厚肥沃湿润的土壤，不耐干旱、积水，忌地下水位过高，稍耐盐碱。萌蘖性强，幼树生长慢，10年以后生长加快，侧根发达。耐烟尘、抗有害气体能力强。

🔵 枝干挺拔，花紫白相间，艳丽夺目，自古以来楸树就广泛栽植于皇宫庭院、胜景名园之中。

🏠 主岛。

楸树的叶

楸树的花

107. 黄金树

🌼 *Catalpa speciosa*

🔵 紫葳科（Bignoniaceae）梓属（*Catalpa*）

🌲 落叶乔木，树冠伞状。叶卵心形至卵状长圆形，基部截形至浅心形，上面亮绿色，无毛，下面密被短柔毛；圆锥花序顶生，花冠白色。蒴果圆柱形，黑色。花期5—6月，果期8—9月。

🔴 喜光，喜湿润、凉爽气候，喜深厚、肥沃、疏松土壤。耐寒性较差，不耐贫瘠和积水。

🔵 株形优美，多用作庭荫树及行道树。

🏠 主岛，北大堤。

黄金树的花

黄金树

108. 棕榈

🌐 *Trachycarpus fortunei*

🍃 棕榈科（Palmae）棕榈属（*Trachycarpus*）

🌳 常绿乔木，树干圆柱形，被不易脱落的老叶柄基部和密集的网状纤维；叶片呈3/4圆形或者近圆形，深裂成30～50片具皱褶的线状剑形，宽2.5～4 cm，长60～70 cm；花序粗壮，从叶腋抽出，通常是雌雄异株。雄花黄绿色，雌花淡绿色。果实阔肾形，成熟时由黄色变为淡蓝色。花期4月，果期12月。

🌡 喜温暖湿润气候，喜光，稍耐阴。适生于排水良好、湿润肥沃的中性、石灰性或微酸性土壤，耐轻盐碱，也耐一定的干旱与水湿。

🌸 挺拔秀丽，姿态独特，一派南国风光。

💀 哈尼岛，环湖北路。

棕榈

棕榈的叶

109. 瘿椒树

🌐 *Tapiscia sinensis*

🍃 省枯油科（Staphyleaceae）瘿椒树属（*Tapiscia*）

🌳 落叶乔木，树皮灰黑色或灰白色；叶狭卵形或卵形，基部心形或近心形，边缘具锯齿。圆锥花序腋生，黄色，有香气；核果状浆果，近球形或椭圆形，熟时紫黑色。花期5—6月，果熟期8—9月。

🌡 阳性树种，幼时较耐阴，喜温暖湿润气候，在富含有机质的酸性黄红土壤中生长良好。

🌸 树姿美观，花色金黄而芳香，秋叶黄色，花具芳香，观赏价值较高。

💀 主岛。

瘿椒树的果

瘿椒树的花

第二节 灌 木

铺地柏

彩叶杞柳

彩叶杞柳的叶

1. 铺地柏

🌼 *Sabina procumbens*

⬤ 柏科（Cupressaceae）圆柏属（*Sabina*）

⬤ 常绿灌木。枝干贴近地面伸展，褐色，小枝密生，枝梢及小枝向上斜展，叶均为刺形叶，先端尖锐，3叶交叉互轮生，条状披针形，叶上面有2条白色气孔线，下面基部有2白色斑点，叶基下延生长，球果近球形，被白粉，成熟时黑色。花期3—5月，果期9—11月。

🔔 耐寒，耐瘠薄，在沙地及石灰质壤土上生长良好，忌低温，忌低湿。

铺地柏的枝叶

🌼 四季常绿，在园林中可配植于岩石园或草坪角隅，也是良好的地被植物。

🏯 主岛。

2. 彩叶杞柳

🌼 *Salix integra* 'Hakuro Nishiki'

⬤ 杨柳科（Salicaceae） 柳属（*Salix*）

⬤ 落叶灌木。树冠广展，新叶具乳白和粉红色斑。

🔔 喜光，耐寒，耐湿，生长势强。

🌼 树形优美，枝条盘曲，春、夏、秋季叶片外观迷人。

🏯 主岛，醉花岛。

3. 紫叶小檗

🌼 *Berberis thunbergii* var. *atropurpurea*

⬤ 小檗科（Berberidaceae） 小檗属（*Berberis*）

⬤ 落叶灌木。幼枝淡红带绿色，无毛，老枝暗红色具条棱；叶小全缘，菱形或倒卵形，紫红到鲜红，叶背色稍淡。4月开花，花黄色。秋季果成熟，果实椭圆形，红色。

🔔 喜凉爽湿润环境，适应性强，耐寒也耐旱，不耐水涝，喜阳也能耐阴，萌蘖性强，耐修剪，对各种土壤都能适应，在肥沃、深厚、排水良好的土壤中生长更佳。

🌳 观叶观果树种，叶和果红艳而美丽，常与常绿树种作块面色彩布置。

🏵 蝴蝶岛。

紫叶小檗

4. 狭叶十大功劳

🌐 *Mahonia fortunei*

🌿 小檗科（Berberidaceae）十大功劳属（*Mahonia*）

🌱 常绿灌木。茎具抱茎叶鞘，奇数羽状复叶，狭披针形，叶硬革质，表面亮绿色，背面淡绿色，两面平滑无毛，叶缘有针刺状锯齿，入秋叶片转红；顶生直立总状花序，两性花，花黄色，有香气；浆果卵形，蓝黑色，微披白粉。花期8—10月，果熟期12月。

🌲 耐阴，也较耐寒，喜温暖、湿润的气候及肥沃、湿润、排水良好的土壤，耐旱，对土壤要求不严。

🌸 枝叶苍劲，黄花成簇，四季常绿。

🏵 各景区均有分布。

狭叶十大功劳

狭叶十大功劳的花

5 阔叶十大功劳

🌐 *Mahonia bealei*

🌿 小檗科（Berberidaceae）十大功劳属（*Mahonia*）

🌱 常绿灌木。叶长圆形，上面深绿色，叶脉显著，背面淡黄绿色，网脉隆起；总状花序簇生，芽鳞卵状披针形，苞片阔披针形，花亮黄色至硫黄色；外萼片卵形，花瓣长圆形，花柱极短。浆果倒卵形，蓝黑色，微被白粉。3—5月开花，5—8月结果。

🌲 喜温暖湿润气候，耐半阴，不耐严寒，可在酸性、中性及弱碱性土壤中生长，但以排水良好的沙质土壤为宜。

🌸 叶形秀丽尖有刺，叶色艳美，花色清雅，果实成熟后呈蓝紫色，用于园林绿化点缀显得既别致，又富有特色。

🏵 主岛，环湖东路。

阔叶十大功劳的果枝

阔叶十大功劳的花枝

南天竹果枝 　　　　　　　　　　蜡梅果枝 　　　　　　　　　　蜡梅花枝

6. 南天竹

🌸 *Nandina domestica*

🍃 小檗科（Berberidaceae） 南天竹属
（*Nandina*）

🌱 常绿小灌木。茎常丛生而少分枝，光滑无毛，幼枝常为红色，老后呈灰色。叶互生三回羽状复叶，小叶薄革质，椭圆形或椭圆状披针形，顶端渐尖，全缘，上面深绿色，冬季变红色，背面叶脉隆起，两面无毛，近无柄。浆果球形，熟时鲜红色，稀橙红色，种子扁圆形。花期3—6月，果期5—11月。

🔔 性喜温暖及湿润的环境，比较耐阴，也耐寒。栽培土要求肥沃、排水良好的沙质土壤。对水分要求不甚严格，既能耐湿也能耐旱。比较喜肥，可多施磷、钾肥。

♣ 茎干丛生，枝叶扶疏，秋冬叶色变红，有红果，经久不落，是赏叶观果的佳品。

☠ 主岛，哈尼岛，北大堤，环湖北路。

8. 海桐

🌸 *Pittosporum tobira*

🍃 海桐科（Pittosporaceae）海桐花属
（*Pittosporum*）

🌱 常绿灌木。嫩枝被以褐色柔毛，有皮孔。叶聚生于枝顶，两年生，革质；伞形花序或伞房状伞形花序顶生或近顶生，花白色，有芳香，后变黄色；蒴果圆球形，有棱或呈三角形。花期3—5月，果熟期9—10月。

7. 蜡梅

🌸 *Chimonanthus praecox*

🍃 蜡梅科（Calycanthaceae） 蜡梅属
（*Chimonanthus*）

🌱 落叶灌木。叶对生，椭圆状卵形至卵状披针形；花着生于第二年生枝条叶腋内，先花后叶，芳香，花被片圆形、长圆形、倒卵形、椭圆形或匙形，无毛，果托近木质化，并具有钻状披针形的被毛附生物。花期12月至翌年1月。

🔔 喜阳光，能耐阴、耐寒、耐旱，忌浸水。怕风，较耐寒，好生于土层深厚、肥沃、疏松、排水良好的微酸性沙质壤土中，在盐碱地中生长不良。

♣ 在霜雪寒天傲然开放，花黄似蜡，浓香扑鼻，是冬季主要观赏花木。

☠ 各景区均有分布。

海桐果枝 　　　　　　　　海桐花枝

🔔 对气候的适应性较强，能耐寒冷，亦颇耐暑热。生长于黄河流域以南，可在露地安全越冬。对土壤的适应性强，在黏土、沙土及轻盐碱土中均能正常生长。

♣ 株形圆整，四季常青，花味芳香，种子红艳，为著名的观叶观果植物。

☠ 各景区均有分布。

珍珠绣线菊　　珍珠绣线菊的花　　　　麻叶绣线菊

9. 珍珠绣线菊

🌸 *Spiraea thunbergii*

🔵 蔷薇科（Rosaceae）绣线菊属（*Spiraea*）

🌱 落叶灌木。枝条细长开张，呈弧形弯曲，小枝有棱角，褐色或红褐色。叶片线状披针形，先端长渐尖。伞形花序无总梗，花瓣倒卵形或近圆形，先端微凹至圆钝，白色，花盘圆环形。花期4—5月，果期7月。

🔔 喜光，不耐阴，耐寒。喜生于湿润、排水良好的土壤。

🌼 花色洁白，花朵繁茂，盛开时枝条全部被细巧的花朵所覆盖，形成一条条拱形花带，树上树下一片雪白，十分惹人喜爱。

🏯 哈尼岛，醉花岛。

11. 金焰绣线菊

🌸 *Spiraea* × *bumalda* cv. Gold Flame

🔵 蔷薇科（Rosaceae）绣线菊属（*Spiraea*）

🌱 落叶灌木。新枝黄褐色，老枝黑褐色，枝条柔软；单叶互生，边缘具尖锐重锯齿，羽状脉，叶色随季节而变化，鲜艳夺目，春季黄红相间，夏季呈绿色，秋季呈现紫红色；花色则为玫瑰红，花序较大，花期6—9月。

🔔 较耐庇荫，喜潮湿气候，在温暖向阳而又潮湿的地方生长良好。

🌼 叶色变化丰富，花期长，花量多，是花叶俱佳的新优小灌木。

🏯 哈尼岛，醉花岛。

10. 麻叶绣线菊

🌸 *Spiraea cantoniensis*

🔵 蔷薇科（Rosaceae）绣线菊属（*Spiraea*）

🌱 落叶灌木。小枝细瘦，圆柱形，呈拱形弯曲，幼时暗红褐色；叶片菱状披针形至菱状长圆形，先端急尖，边缘自近中部以上有缺刻状锯齿，两面无毛，有羽状叶脉。伞形花序，花瓣近圆形或倒卵形，白色；蓇葖果直立开张，花柱顶生。花期4—5月，果期7—9月。

🔔 喜温暖和阳光充足的环境。稍耐寒、耐阴，较耐干旱，忌湿涝。分蘖力强。生长适宜温度为15～24℃，冬季能耐-5℃的低温。土壤以肥沃、疏松和排水良好的沙壤土为宜。

🌼 花色洁白，花朵繁茂，盛开时枝条全部被细巧的花朵所覆盖，清雅秀丽。

🏯 哈尼岛，醉花岛。

金焰绣线菊

金焰绣线菊的花

紫叶风箱果

紫叶风箱果的花

珍珠梅

12. 紫叶风箱果

🌸 *Physocarpus opulifolius* 'Summer Wine'

🍃 蔷薇科（Rosaceae）风箱果属（*Physocarpus*）

🌱 落叶灌木。叶片生长期紫红色，落前暗红色，三角状卵形，缘有锯齿。花白色，顶生伞形总状花序，花期5月中下旬。果实膨大，呈卵形，果外光滑。

🌲 喜光，耐寒，耐瘠薄，耐粗放管理。

🌼 叶、花、果均有观赏价值。

☠ 主岛。

13. 珍珠梅

🌸 *Sorbaria sorbifolia*

🍃 蔷薇科（Rosaceae）珍珠梅属（*Sorbaria*）

🌱 落叶灌木。枝条开展；小枝圆柱形，稍屈曲，初时绿色，老时暗红褐色或暗黄褐色；羽状复叶，小叶片对生，边缘有尖锐重锯齿，羽状网脉；顶生大型密集圆锥花序，花瓣长圆形或倒卵形，白色；蓇葖果长圆形，有顶生弯曲花柱。7—8月开花，9月结果。

🌲 耐寒，耐半阴，耐修剪。对土壤要求不严，在肥沃的沙质土壤中生长最好，也较耐盐碱土。

🌼 枝叶茂密，姿态秀丽，花团状如珍珠，花序恰似雪球，堪称花叶并美。花期很长又值夏季少花季节，是十分受欢迎的观赏树种。

☠ 环湖东路。

14. 火棘

🌸 *Pyracantha fortuneana*

🍃 蔷薇科（Rosaceae）火棘属（*Pyracantha*）

🌱 常绿灌木。嫩枝外被以锈色短柔毛，老枝暗褐色；叶片倒卵形或倒卵状长圆形，先端圆钝或微凹，叶柄短；花集成复伞房花序，花瓣白色，近圆形；果实近球形，橘红色或深红色。花期3—5月，果期8—11月。

🌲 喜强光，耐贫瘠，抗干旱，不耐寒；对土壤要求不严，而以排水良好、湿润、疏松的中性或微酸性土壤为好。

🌼 四季常绿，春可观花，秋可观果。

☠ 醉花岛，蝴蝶岛。

火棘的花

火棘的果

119

小丑火棘

红叶石楠

红叶石楠的花

15. 小丑火棘

🌱 *Pyracantha fortuneana* 'Harlequin'

🌿 蔷薇科（Rosaceae） 火棘属 (*Pyracantha*)

🌳 常绿灌木。单叶，叶卵形，叶片有花纹，似小丑花脸，故名小丑火棘，冬季叶片变红色。花白色，果实红色。花期3—5月，果期8—11月。

🌲 半阴生，有较强的耐寒、耐盐碱、耐瘠薄及耐干旱能力，喜生于肥沃湿润的土壤中，在钙质土或酸性土中都生长良好。

🌼 枝叶繁茂，叶色美观，初夏白花繁密，入秋果红如火，且留枝头甚久，是优良的观叶兼观果植物。

🏵 主岛。

16. 红叶石楠

🌱 *Photinia* × *fraseri*

🌿 蔷薇科（Rosaceae） 石楠属（*Photinia*）

🌳 常绿灌木。株形紧凑，茎直立，下部绿色，茎上部紫色或红色，多有分枝。叶片革质，长椭圆形至倒卵状披针形，上部嫩叶鲜红色或紫红色，下部叶绿色或带紫色。花序梗，花白色，梨果黄红色。花期5—7月，果期9—10月。

🌲 喜光，稍耐阴，喜温暖湿润气候，耐干旱瘠薄，不耐水湿。

🌼 枝繁叶茂，树冠圆球形，叶片四季红艳，初夏白花点点，极具观赏价值。

🏵 各景区均有分布。

17. 沂州海棠

🌱 *Chaenomeles* 'yizhou'

🌿 蔷薇科（Rosaceae） 木瓜属 (*Chaenomeles*)

🌳 落叶灌木，是贴梗海棠和沂州木瓜长期复合杂交的品种，花簇生，每簇3～5朵，单瓣或复瓣，单瓣花5片，复瓣花15片以上。花色有红、白、粉、深红、艳阳红等之分，花期4月初至4月末。

🌲 半阴生，喜生于肥沃、湿润的土壤中，也能耐旱，在钙质土或酸性土中都生长良好。

🌼 集春观花秋赏果于一身。春季花朵烂漫，花姿潇洒，花开似锦；秋季果实满树，芳香袭人。

🏵 主岛。

沂州海棠

18. 月季花

🌸 *Rosa chinensis*

⬤ 蔷薇科（Rosaceae）蔷薇属（*Rosa*）

🌱 落叶灌木。茎为棕色偏绿，具有钩刺或无刺，小枝绿色；叶为墨绿色，叶互生，奇数羽状复叶，宽卵形（椭圆）或卵状长圆形；花生于枝顶，花朵常簇生，稀单生，花色甚多，色泽各异，花期4—10月；果卵球形或梨形。月季园艺品种丰富，主要有香水月季、丰花月季、藤本月季、微型月季等。

🔥 对气候、土壤要求虽不严格，但以疏松、肥沃、富含有机质、微酸性、排水良好的土壤较为适宜。性喜温暖、日照充足、空气流通的环境。

🌼 被称为花中皇后，四季开花，多红色，偶有白色，可作为观赏植物，花大型，有香气，广泛用于园艺栽培和切花。

🏛 主岛，醉花岛。

月季花

月季的花

19. 黄刺玫

🌸 *Rosa xanthina*

⬤ 蔷薇科（Rosaceae）蔷薇属（*Rosa*）

🌱 落叶灌木。高2～3m；枝粗壮，密集，披散；小枝无毛，有散生皮刺，无针刺。小叶片宽卵形或近圆形，稀椭圆形，先端圆钝，基部宽楔形或近圆形，边缘有圆钝锯齿；花单生于叶腋，重瓣或半重瓣，黄色，无苞片；果球形，红黄色。花期4—6月，果期7—8月。

🔥 喜光，稍耐阴，耐寒力强。对土壤要求不严，耐干旱和瘠薄，在盐碱土中也能生长，以疏松、肥沃土地为佳。不耐水涝。

🌼 株形清秀，盛开一朵朵金黄色的花，与绿叶相衬，显得格外灿烂夺目，是园林中重要的观花灌木。

🏛 主岛。

黄刺玫的花

20. 棣棠花

🌸 *Kerria japonica*

⬤ 蔷薇科（Rosaceae）棣棠花属（*Kerria*）

🌱 落叶灌木。小枝绿色，圆柱形，无毛，常拱垂，嫩枝有棱角；叶互生，呈三角状卵形或卵圆形，边缘有尖锐重锯齿；单花，花梗无毛，花瓣黄色；瘦果。花期4—6月，果期6—8月。

🔥 喜温暖湿润和半阴环境，耐寒性较差，对土壤要求不严，在肥沃、疏松的沙壤土中生长最好。

🌼 叶片秀丽，春天，一朵朵金黄色的花与绿叶相衬，格外灿烂醒目。

🏛 主岛，哈尼岛，北大堤。

棣棠花

榆叶梅

榆叶梅的花

榆叶梅的果枝

21. 榆叶梅

🔅 *Amygdalus triloba*

🔵 蔷薇科（Rosaceae）桃属（*Amygdalus*）

🌳 落叶灌木。枝紫褐色或褐色，粗糙；叶常簇生，叶片宽椭圆形或倒卵形，叶边具粗锯齿或重锯齿；先叶开粉红色花，单瓣或重瓣；果实近球形，红色。花期 4—5 月，果期 5—7 月。

🔔 温带树种，耐寒、耐旱、喜光。对土壤的要求不高，但不耐水涝，喜中性至微碱性、肥沃、疏松的沙土。

🌸 花繁色艳，十分绚丽，是园林中重要的春季观花灌木。

☠ 主岛、环湖东路，环湖北路。

22. 郁李

🔅 *Cerasus japonica*

🔵 蔷薇科（Rosaceae）樱属（*Cerasus*）

🌳 落叶灌木。小枝灰褐色，嫩枝绿色或绿褐色；叶片卵形或卵状披针形，先端渐尖；花簇生，花叶同开或先叶开放，花瓣白色或粉红色；核果近球形，深红色。花期 5 月，果期 7—8 月。

🔔 喜阳光充足和温暖湿润的环境，耐热、耐旱，耐潮湿和烟尘，较耐寒。不择土壤，耐瘠薄。

🌸 桃红色宝石般的花蕾，繁密如云的花朵，深红色的果实，是花果俱美的观赏花木。

☠ 主岛。

郁李

23. 紫荆

🔅 *Cercis chinensis*

🔵 豆科（Leguminosae）紫荆属（*Cercis*）

🌳 落叶灌木。树皮和小枝灰白色；叶纸质，近圆形或三角状圆形；花紫红色或粉红色，2 ～ 10 朵成一束，簇生于老枝和主干上，尤以主干上花束较多，通常先于叶开放；荚果扁狭长形，绿色。花期 3—4 月，果期 8—10 月。

🔔 暖温带树种，较耐寒。喜光，稍耐阴。喜肥沃、排水良好的土壤，不耐湿。

🌸 叶大花繁，早春先花后叶，满枝紫红艳丽，形似彩蝶，密密层层，满树嫣红。

☠ 各景区均有分布。

紫荆花枝

紫荆

24. 伞房决明

伞房决明

🌸 *Senna corymbosa*

⬭ 豆科（Leguminosae）决明属（*Senna*）

🌿 常绿灌木。多分枝，枝条平滑，叶长椭圆状披针形，叶色浓绿，由小叶组成复叶。圆锥花序伞房状，鲜黄色，花瓣阔。荚果圆柱形，花实并茂，花期7月中下旬至10月，果实直挂到翌年春季。

🔥 较耐寒，耐瘠薄，对土壤要求不高，暖冬不落叶，生长快，耐修剪。

🌸 花色艳丽，花期长，花开时金黄色的小花缀满枝头，鲜艳夺目。

🏘 哈尼岛，环湖北路。

伞房决明的花

25. 紫穗槐

🌸 *Amorpha fruticosa*

⬭ 豆科（Leguminosae）紫穗槐属（*Amorpha*）

🌿 落叶灌木。丛生，小枝灰褐色，嫩枝密被短柔毛。叶互生，奇数羽状复叶，小叶卵形或椭圆形；穗状花序，紫色；荚果下垂，微弯曲，棕褐色。花期、果期5—10月。

🔥 耐寒性强，耐干旱能力强，耐水淹，对光线要求充足，土壤适应性强。

🌸 树形美观，可观花、观叶。

🏘 环湖东路。

紫穗槐

26. 中华胡枝子

🌸 *Lespedeza chinensis*

⬭ 豆科（Leguminosae）胡枝子属（*Lespedeza*）

🌿 落叶灌木。全株被白色伏毛，羽状复叶具3小叶，小叶倒卵状长圆形、长圆形、卵形或倒卵形；总状花序腋生，花冠白色或黄色；荚果卵圆形。花期8—9月，果期10—11月。

🔥 生于海拔2500 m以下的灌木丛中、林缘、路旁、山坡、林下草丛等处。

🌸 花色清雅，适宜作为观花灌木或护坡地被的点缀。

🏘 主岛。

紫穗槐的花

中华胡枝子

锦鸡儿的花枝

锦鸡儿的花

金边黄杨

27. 锦鸡儿

🌼 *Caragana sinica*

🔵 豆科（Leguminosae）锦鸡儿属（*Caragana*）

🌳 落叶灌木。树皮深褐色；小枝有棱，无毛；托叶三角形，硬化成针刺；叶轴脱落或硬化成针刺；小叶 2 对，羽状，厚革质或硬纸质，倒卵形或长圆状倒卵形，先端圆形或微缺，上面深绿色，下面淡绿色；花黄色，常带红色；荚果圆筒状。花期 4—5 月，果期 7 月。

🌡 喜光，根系发达，具根瘤，抗旱耐瘠，能在山石缝隙处生长。忌湿涝。萌芽力、萌蘖力均强，能自然播种繁殖。在深厚肥沃湿润的沙质壤土中生长更佳。

🌼 枝叶秀丽，花色鲜艳。

☠ 主岛。

28. 金边黄杨

🌼 *Buxus megistophylla*

🔵 黄杨科（Buxaceae）黄杨属（*Buxus*）

🌳 常绿灌木。小枝略为四棱形，单叶对生，倒卵形或椭圆形，边缘具钝齿，表面深绿色，叶缘金黄色，有光泽。聚伞花序腋生，具长梗，花绿白色。蒴果球形，淡红色，假种皮橘红色。花期 5—6 月，果期 9—10 月。

🌡 喜温暖湿润的环境，对土壤的要求不严，能耐干旱，耐寒性强，栽培简单。

🌼 观叶植物，叶色光亮，嫩叶鲜绿，其斑叶尤为美观。

☠ 主岛，哈尼岛，蝴蝶岛，环湖北路。

29. 枸骨

🌼 *Ilex cornuta*

🔵 冬青科（Aquifoliaceae）冬青属（*Ilex*）

🌳 常绿灌木。叶片厚革质，四角状长圆形或卵形，先端具 3 枚尖硬刺齿，中央刺齿常反曲；叶面深绿色，具光泽，背淡绿色，无光泽；花淡黄色，果球形，成熟时鲜红色。花期 4—5 月，果期 10—12 月。

🌡 喜光，稍耐阴，喜温暖气候及肥沃、湿润而排水良好的微酸性土壤，耐寒性不强。

🌼 叶形奇特，四季常绿，秋季红果累累，颇具观赏价值。

☠ 主岛，环湖北路。

枸骨

枸骨的果

无刺枸骨

30. 无刺枸骨

🌸 *Ilex cornuta* var. *fortunei*

🍃 冬青科（Aquifoliaceae）冬青属（*Ilex*）

🌱 常绿灌木。叶硬革质，椭圆形，全缘，叶尖为骤尖，较硬，叶面绿色，有光泽，叶互生。伞形花序，花米色。果球形，成熟后红色。花期 4—5 月，果期 10—12 月。

🔔 喜光，喜温暖、湿润、排水良好的酸性和微碱性土壤，有较强抗性，耐修剪。

🍀 枝繁叶茂，叶片浓绿有光泽，秋季满枝累累硕果，鲜艳夺目，是良好的观果观叶树种。

💀 主岛，醉花岛。

33. 卫矛

🌸 *Euonymus alatus*

🍃 卫矛科（Celastraceae）卫矛属（*Euonymus*）

🌱 常绿灌木。叶卵状椭圆形、边缘具细锯齿，两面光滑无毛；聚伞花序 1～3 花；蒴果 1～4 深裂，裂瓣椭圆状；种子椭圆状或阔椭圆状，种皮褐色或浅棕色，假种皮橙红色，全包种子。花期 5—6 月，果期 7—10 月。

🔔 喜光，也稍耐阴；对气候和土壤适应性强，能耐干旱、瘠薄和寒冷，在中性、酸性及石灰性土中均能生长。萌芽力强，耐修剪，对二氧化硫有较强抗性。

🍀 枝翅奇特，秋叶红艳耀目，果裂亦红，甚为美观，堪称观赏佳木。

💀 各景区均有分布。

31. 龟甲冬青

🌸 *Ilex crenata* var. *Convexa*

🍃 冬青科（Aquifoliaceae）冬青属（*Ilex*）

🌱 常绿小灌木。树皮灰黑色，具纵棱角；叶小而密，叶面凸起，厚革质，椭圆形至长倒卵形；花白色；果球形，黑色。花期 5—6 月，果期 8—10 月。

🔔 喜光，稍耐阴，喜温湿气候。较耐寒。适应性强，阳地、阴处均能生长；以湿润、肥沃的微酸性黄土最为适宜，在中性土壤中亦能正常生长。

🍀 枝干苍劲古朴，叶子密集浓绿，有较好的观赏价值。

💀 醉花岛。

龟甲冬青

卫矛

卫矛的花

扶芳藤

32. 扶芳藤

🌸 *Euonymus fortunei*

🍃 卫矛科（Celastraceae）卫矛属（*Euonymus*）

🌱 常绿灌木。叶椭圆形、长方椭圆形或长倒卵形，革质，边缘齿浅不明显；聚伞花序，花白绿色；蒴果粉红色，近球状。6 月开花，10 月结果。

🔔 喜温暖、湿润环境，喜阳光，亦耐阴。在雨量充沛、云雾多、土壤和空气湿度大的条件下，植株生长健壮。对土壤适应性强。

🍀 四季常绿，郁郁葱葱，有较强的攀爬能力，是良好的地被植物。

💀 主岛，哈尼岛。

125

34. 木槿

🌸 *Hibiscus syriacus*

🌿 锦葵科（Malvaceae）木槿属（*Hibiscus*）

🌱 落叶灌木。叶菱形至三角状卵形，边缘具不整齐齿缺；花单生于枝端叶腋间，花朵色彩有纯白、淡粉红、淡紫、紫红等，花形呈钟状，有单瓣、复瓣、重瓣几种。蒴果卵圆形，密被黄色星状绒毛。花期 7～10 月。

🌡 对环境适应性很强，较耐干燥和贫瘠，对土壤要求不严，尤喜光和温暖湿润的气候。稍耐阴，耐修剪，耐热又耐寒，对土壤要求不严，在重黏土中也能生长。

🌼 夏秋季开花，花期特长，且有很多花色、花型的变种，是优良的园林观花树种。

💀 各景区均有分布。

木槿

芙蓉的花

芙蓉的叶

山茶

木槿的花

35. 木芙蓉

🌸 *Hibiscus mutabilis*

🌿 锦葵科（Malvaceae）木槿属（*Hibiscus*）

🌱 落叶灌木。叶宽卵形至圆卵形或心形，先端渐尖，具钝圆锯齿，上面疏被星状细毛和点，下面密被星状细绒毛；花单生于枝端叶腋间，蒴果扁球形，被淡黄色刚毛和绵毛，花期 8—10 月。

🌡 喜光，稍耐阴；喜温暖、湿润的气候，不耐寒，喜肥沃湿润而排水良好的沙质壤土；生长较快，萌蘖性强。

🌼 花大而色丽，特别宜于配植水滨，开花时波光花影，相映益妍，分外妖娆。

💀 主岛，哈尼岛，环湖北路。

36. 山茶

🌸 *Camellia japonica*

🌿 山茶科（Theaceae）山茶属（*Camellia*）

🌱 常绿灌木。叶革质，椭圆形，先端略尖；花顶生，红色，无柄；蒴果圆球形，果片厚木质。花期 1—4 月。

🌡 喜温暖、湿润和半阴环境。怕高温，忌烈日。

🌼 树冠多姿，叶色翠绿，花大艳丽，枝叶繁茂，四季常青，开花于冬末春初万花凋谢之时，尤为难得。

💀 主岛，环湖北路。

37. 金丝桃

🐝 *Hypericum monogynum*

⭕ 藤黄科（Guttiferae）金丝桃属（*Hypericum*）

🔵 常绿灌木。丛状或通常有疏生的开张枝条。叶对生，叶片倒披针形或椭圆形至长圆形，上面绿色，下面淡绿色；花瓣金黄色至柠檬黄色；蒴果宽卵珠形或稀为卵珠状圆锥形至近球形，种子深红褐色，圆柱形。花期5—8月，果期8—9月。

💧 喜温润、半阳半阴的环境，不甚耐寒。

🌸 花叶秀丽，花冠如桃花，雄蕊金黄色，细长如金丝般绚丽可爱。

💀 哈尼岛。

金丝桃

结香

38. 结香

🐝 *Edgeworthia chrysantha*

⭕ 瑞香科（Thymelaeaceae）结香属（*Edgeworthia*）

🔵 落叶灌木。小枝粗壮，褐色；叶痕大，长圆形，披针形至倒披针形，先端短尖，基部楔形或渐狭。头状花序顶生或侧生，黄色，花芳香，无梗，果椭圆形，绿色。花期冬末春初，果期春夏间。

💧 喜半阴，但亦耐日晒。喜温暖气候，耐寒力较差，以排水良好的肥沃土壤生长较好，忌栽于碱地。肉质根，不耐水湿，排水不良容易烂根。

🌸 姿态优雅，柔枝可打结，十分惹人喜爱。

💀 主岛，醉花岛。

结香的花

39. 胡颓子

🐝 *Elaeagnus pungens*

⭕ 胡颓子科（Elaeagnaceae）胡颓子属（*Elaeagnus*）

🔵 常绿灌木。具刺，有时较短，深褐色；叶革质，椭圆形或阔椭圆形，稀矩圆形；花白色或淡白色，下垂，密被鳞片；果实椭圆形，幼时被褐色鳞片，成熟时红色。花期9—12月，果期翌年4—6月。

💧 喜光，耐半阴，喜温暖气候，稍耐寒。对土壤要求不严，不耐水涝。

🌸 株形自然，果熟后呈红色，红果下垂，形美色艳。

💀 主岛。

胡颓子

紫薇

40. 紫薇

🌸 *Lagerstroemia indica*

🌐 千屈菜科（Lythraceae）紫薇属
（*Lagerstroemia*）

🌱 落叶灌木或小乔木。小枝略呈四棱形；叶对生或近于对生，椭圆形，全缘；花圆锥状丛生于枝顶，花被皱缩，鲜红、粉红或白色，花期7—9月。蒴果广椭圆形，11—12月成熟。

🔔 半阴生，喜生于肥沃湿润的土壤中，也能耐旱，在钙质土或酸性土中都能生长良好。

🌿 树姿优美，枝干屈曲，花色鲜艳，且于夏秋少花季节开花，为园林中夏秋季重要观花树种。

🏵 主岛，哈尼岛，蝴蝶岛，环湖北路。

41. 八角金盘

🌸 *Fatsia japonica*

🌐 五加科（Araliaceae）八角金盘属
（*Fatsia*）

🌱 常绿灌木。茎光滑无刺；叶片大，革质，近圆形，裂片长椭圆状卵形，先端短渐尖，基部心形，边缘有疏离粗锯齿；圆锥花序顶生，果近球形，熟时黑色。花期10—11月，果熟期翌年4月。

🔔 喜温暖湿润的气候，耐阴，不耐干旱，有一定耐寒力。宜种植于排水良好且湿润的沙质壤土中。

🌿 观叶植物。四季常青，叶片硕大，叶形优美，浓绿光亮。

🏵 主岛，哈尼岛，环湖北路。

八角金盘

42. 洒金珊瑚

Aucuba japonica var. *variegata*

山茱萸科（Cornaceae）桃叶珊瑚属（*Aucuba*）

常绿灌木。丛生。树皮初时绿色，平滑，后转为灰绿色。叶对生，肉革质，矩圆形，缘疏生粗齿牙，两面油绿而富光泽，叶面黄斑累累，酷似洒金。花单性，雌雄异株，为顶生圆锥花序，紫褐色；核果长圆形。花期3—4月，果期8—10月。

适应性强，性喜温暖阴湿环境，不甚耐寒，在林下疏松肥沃的微酸性或中性壤土中生长繁茂，阳光直射而无庇荫之处，则生长缓慢，发育不良。

枝繁叶茂，凌冬不凋，是珍贵的耐阴灌木。

主岛，蝴蝶岛，环湖北路。

洒金珊瑚

43. 毛杜鹃

Rhododendron pulchrum

杜鹃花科（Ericaceae）杜鹃花属（*Rhododendron*）

半常绿灌木。叶薄革质，椭圆形至椭圆状披针形或矩圆状倒披针形；花顶生枝端；花冠宽漏斗状，蔷薇紫色，有深紫色点；蒴果矩圆状卵形。花期4—5月，果期9—10月。

喜温暖湿润气候，耐阴，忌阳光暴晒。土壤以肥沃、疏松、排水良好的酸性沙质壤土为宜。

枝叶繁茂，叶色美观，初夏粉花繁密，是优良的观花植物。

蝴蝶岛。

毛杜鹃

44. 金钟

🌐 *Forsythia viridissima*

🔵 木樨科（Oleaceae）连翘属（*Forsythia*）

🌱 落叶灌木。枝棕褐色或红棕色，四棱形，皮孔明显，具片状髓；单叶对生，椭圆形至披针形；花着生于叶腋，先于叶开放，深黄色。花期3—4月，果期8—11月。

🌲 喜光，略耐阴；喜温暖、湿润环境，较耐寒。对土壤要求不严，在温暖湿润、背风面阳处，生长良好。

🌼 早春观花植物，先叶后花，金黄灿烂。

💀 主岛，哈尼岛，蝴蝶岛。

金钟

46. 小叶女贞

🌐 *Ligustrum quihoui*

🔵 木樨科（Oleaceae）女贞属（*Ligustrum*）

🌱 落叶灌木。小枝淡棕色，圆柱形；叶片薄革质，披针形、长圆状椭圆形、椭圆形、倒卵状长圆形至倒披针形或倒卵形，叶缘反卷，上面深绿色，下面淡绿色；圆锥花序顶生，近圆柱形，花白色，香，无梗；果倒卵形、宽椭圆形或近球形，呈紫黑色。花期5—7月，果期8—11月。

🌲 喜光照，稍耐阴，较耐寒，强健，耐修剪，萌发力强。

🌼 主枝叶紧密、圆整，树条柔嫩易扎定形，富自然野趣。

💀 各景区均有分布。

45. 小蜡

🌐 *Ligustrum sinense*

🔵 木樨科（Oleaceae）女贞属（*Ligustrum*）

🌱 落叶灌木或小乔木。小枝圆柱形；叶片纸质或薄革质，卵形、椭圆状卵形、长圆形、长圆状椭圆形至披针形；圆锥花序顶生或腋生，花白色；果近球形。花期3—6月，果期9—12月。

🌲 喜光，稍耐阴，较耐寒，耐修剪。抗二氧化硫等多种有毒气体。对土壤湿度较敏感，干燥瘠薄地生长发育不良。

🌼 枝叶稠密，耐修剪整形，适作绿篱、绿屏和园林点缀树种，树桩可作盆景。

💀 醉花岛，环湖东路，环湖北路。

小蜡

小蜡的叶

小叶女贞

小叶女贞的花

金森女贞

47. 金森女贞

🐝 *Ligustrum japonicum* 'Howardii'

🔵 木樨科（Oleaceae）女贞属（*Ligustrum*）

🌱 常绿灌木。小枝灰褐色或淡灰色，圆柱形；叶片厚革质，椭圆形或宽卵状椭圆形；圆锥花序塔形，白色；果长圆形或椭圆形，紫黑色，外被白粉。花期6月，果期11月。

🔔 喜光，耐旱，耐寒，对土壤要求不严。

🌼 观叶植物，春季新叶鲜黄色，冬季转为金黄色，色彩明快悦目。

💀 各景区均有分布。

49. 迎春花

🐝 *Jasminum nudiflorum*

🔵 木樨科（Oleaceae）茉莉属（*Jasminum*）

🌱 落叶灌木。枝条下垂，枝稍扭曲，光滑无毛，小枝四棱形；叶对生，三出复叶，小枝基部常具单叶；花单生于前一年生小枝的叶腋，金黄色，外染红晕，花期2—4月。

🔔 喜光，稍耐阴，略耐寒，怕涝，要求温暖而湿润的气候，在酸性土中生长旺盛，在碱性土中生长不良。

🌼 早春观花植物，枝条披垂，冬末至早春先花后叶，花色金黄。

💀 主岛，蝴蝶岛，北大堤，环湖东路。

48. 雪柳

🐝 *Fontanesia fortunei*

🔵 木樨科（Oleaceae）雪柳属（*Fontanesia*）

🌱 落叶灌木或小乔木。树皮灰褐色，枝灰白色，圆柱形；叶片纸质，披针形、卵状披针形或狭卵形；圆锥花序顶生或腋生；果黄棕色，倒卵形至倒卵状椭圆形。花期4—6月，果期6—10月。

🔔 喜光，稍耐阴；喜肥沃、排水良好的土壤；喜温暖，亦较耐寒。

🌼 叶子细如柳叶，开花季节白花满枝，宛如白雪，是非常好的蜜源植物。

💀 主岛。

雪柳

迎春花

迎春花的花

50. 探春花

🌸 *Jasminum floridum*

⬤ 木樨科（Oleaceae）茉莉属（*Jasminum*）

🌳 半常绿灌木。小枝绿色，有棱；叶互生，卵状长圆形；聚伞花序顶生，花冠黄色；浆果近圆形。花期5—6月。

🔺 喜光，耐阴，耐寒性较强。

🌼 枝条长而柔弱，下垂或攀缘，碧叶黄花，颇为美观。

🏛 蝴蝶岛。

迎夏

52. 大叶醉鱼草

🌸 *Buddleja davidii*

⬤ 马钱科（Loganiaceae）醉鱼草属（*Buddleja*）

🌳 落叶灌木。小枝外展而下弯，略呈四棱形；叶对生，叶片膜质至薄纸质，狭卵形、狭椭圆形至卵状披针形，边缘具细锯齿；圆锥状聚伞花序，花冠紫红色或深红色；蒴果椭圆状。花期6—9月，果期9—11月。

🔺 喜光照充足、排水好的地方。萌发力强，耐修剪，性强健，耐寒、耐旱、耐贫瘠及粗放管理，喜高敞之处。

🌼 观花植物，花期较长。

🏛 哈尼岛，醉花岛。

黄馨

51. 黄馨

🌸 *Jasminum mesnyi*

⬤ 木樨科（Oleaceae）茉莉属（*Jasminum*）

🌳 常绿灌木。枝细长拱形，柔软下垂，四棱形，小枝无毛；三出复叶，对生，小叶长椭圆状披针形，基部渐狭成短梗；3—4月开花，花单生于小枝端部，淡黄色，有叶状苞片，常重瓣。

🔺 喜光，稍耐阴。喜温暖，略耐寒，对土壤的要求不高，在土层深厚肥沃及排水良好的土壤中生长良好。

🌼 枝叶垂悬，树姿婀娜，春季黄花绿叶相衬，观赏价值高。

🏛 主岛，哈尼岛，蝴蝶岛。

大叶醉鱼草

53. 夹竹桃

夹竹桃的花

🌱 *Nerium indicum*

⬭ 夹竹桃科（Apocynaceae）夹竹桃属（*Nerium*）

🌿 常绿灌木。叶轮生，叶面深绿，叶背浅绿色，中脉在叶面陷入；聚伞花序顶生，花冠深红色、粉红色或白色，花冠为漏斗状；种子长圆形；几乎全年都是花期，夏秋为最盛；果期一般在冬春季，栽培很少结果。

🌡 喜温暖湿润的气候；喜光好肥，也能适应较阴的环境，但庇荫处栽植花少色淡。萌蘖力强，树体受害后容易恢复。

🌸 叶片如柳似竹，红花灼灼，胜似桃花，花冠粉红至深红或白色，有特殊香气，是有名的观赏花卉。

👥 主岛。

夹竹桃

54. 蔓长春花

蔓长春花

🌱 *Vinca major*

⬭ 夹竹桃科（Apocynaceae）蔓长春花属（*Vinca*）

🌿 常绿灌木。矮生、枝条蔓性、匍匐生长；叶椭圆形或卵形，先端急尖，对生，有叶柄，亮绿色，有光泽，叶缘乳黄色；花冠蓝色，花冠筒漏斗状，花冠裂片倒卵形。

🌡 喜温暖湿润的环境，较耐寒，喜半阴环境。

🌸 花色绚丽，叶子形态独特，有着较高的观赏价值。

👥 主岛，环湖北路。

55. 海州常山

🌱 *Clerodendrum trichotomum*

⬭ 马鞭草科（Verbenaceae）大青属（*Clerodendrum*）

🌿 落叶灌木或小乔木。叶片纸质，卵形、卵状椭圆形或三角状卵形；伞房状聚伞花序顶生或腋生，花香，花冠白色或带粉红色；核果近球形，成熟时外果皮蓝紫色。花果期6 11月。

🌡 喜光，耐寒，稍耐阴，对土壤要求不严。

🌸 花序大，花果美丽，一株树上花果共存，白、红、篮，色泽亮丽，为良好的观赏花木。

👥 主岛。

海州常山

56. 单叶蔓荆

🌸 *Vitex trifolia* var. *simplicifolia*

🌿 马鞭草科（Verbenaceae）牡荆属（*Vitex*）

🌱 落叶灌木。茎匍匐，节处常生不定根；单叶对生，叶片倒卵形或近圆形，全缘；圆锥花序顶生，淡紫色或蓝紫色；核果近圆形，成熟时黑色。花期 7 月，果期 9—11 月。

🌡 耐寒，耐旱，耐瘠薄，喜光，在适宜的气候条件下生长极快，匍匐茎着地部分生须根，能很快覆盖地面，抑制其他杂草生长。

🏵 枝条柔软，花朵清雅，有一定观赏价值。

☠ 主岛。

单叶蔓荆

57. 枸杞

🌸 *Lycium chinense*

🌿 茄科（Solanaceae）枸杞属（*Lycium*）

🌱 落叶灌木。枝条细弱；叶纸质；花腋生，紫色；浆果卵形或长圆形，深红色或橘红色。花期 6—9 月，果期 7—10 月。

🌡 喜冷凉气候,耐寒力很强,对土壤要求不严。

🏵 树形婀娜，叶翠绿，花淡紫，果实鲜红，是很好的观赏植物。

☠ 主岛，醉花岛。

枸杞　　　　　　枸杞的果

58. 大叶栀子

🌸 *Gardenia jasminoides* var. *grandiflora*

🌿 茜草科（Rubiaceae）栀子属（*Gardenia*）

🌱 常绿灌木。枝丛生，干灰色，小枝绿色；叶大，对生或三叶轮生，革质，倒卵形或矩圆状倒卵形；开大型白花，单生于枝端或叶腋，具浓郁芳香；果卵形、近球形、椭圆形或长圆形，黄色或橙红色。花期 6—8 月，果期 10 月。

🌡 在 pH 值为 5～6 的酸性土壤中生长良好，喜湿润，喜光照。

🏵 叶色亮绿，花朵洁白，具浓郁芳香，观赏价值高。

☠ 主岛。

大叶栀子

59. 六月雪

🌸 *Serissa japonica*

🌿 茜草科（Rubiaceae）六月雪属（*Serissa*）

🌱 常绿小灌木。叶革质；花单生或数朵丛生于小枝顶部或腋生，花冠淡红色或白色，花柱长突出，花期 5—7 月。

🌡 畏强光。喜温暖气候，也稍能耐寒、耐旱。喜排水良好、肥沃、湿润、疏松的土壤，对环境要求不高，生长力较强。

🌻 枝叶密集，白花盛开，宛如雪花满树，雅洁可爱，既可观叶又可观花。

🏕 主岛，环湖北路。

六月雪

60. 水杨梅

🌐 *Adina rubella*

🌍 茜草科（Rubiaceae）水团花属（*Adina*）

🌱 落叶小灌木。叶对生，薄革质，卵状披针形或卵状椭圆形，全缘；头状花序，花冠白色，花期春末夏初。

🔔 耐水湿，生于溪边、河边、沙滩等湿润地区。

🌻 枝条披散，婀娜多姿，花朵秀丽，清新夺目。

🏕 主岛。

水杨梅的叶

水杨梅的花

61. 锦带花

🌐 *Weigela florida*

🌍 忍冬科（Caprifoliaceae）锦带花属（*Weigela*）

🌱 落叶灌木。树皮灰色，叶矩圆形、椭圆形至倒卵状椭圆形；花单生或成聚伞花序生于侧生短枝的叶腋或枝顶；花冠紫红色或玫瑰红色，花丝短于花冠，花药黄色。蒴果柱形，花期4—6月，果期10月。

🔔 阳性，较耐阴，耐寒，耐旱，忌积水，耐修剪。

🌻 观花植物，花朵密集，花冠胭脂红色，艳丽悦目。

🏕 主岛，哈尼岛，醉花岛，蝴蝶岛。

锦带花

锦带花的花

62. 六道木

🌐 *Abelia biflora*

🌍 忍冬科（Caprifoliaceae）六道木属（*Abelia*）

🌱 落叶灌木。叶矩圆形至矩圆状披针形，顶端尖至渐尖，上面深绿色，下面绿白色；花单生于小枝上叶腋，无总花梗；花梗被硬毛；花粉红色，7—9月花开不断；果实具硬毛，果期8—9月。

🔔 耐半阴，耐寒，耐旱，生长快，耐修剪，喜温暖、湿润气候，亦耐干旱、瘠薄。

🌻 枝叶婉垂，树姿婆娑，花朵美丽。

🏕 主岛。

六道木

六道木的花

金银木

63. 金银木

🏵 *Lonicera maackii*

🔵 忍冬科（Caprifoliaceae）忍冬属（*Lonicera*）

🌲 落叶灌木。叶纸质，卵状椭圆形至卵状披针形；花芳香，花冠先白色后变黄色；果实暗红色，圆形。花期5—6月，果期8—10月。

🍃 阳性树种，稍耐阴，耐寒性强，耐干旱和水湿，喜生于深厚肥沃、湿润及排水良好的土壤，萌芽力强。

🌼 枝条繁茂，春末夏初层层开花，金银相映，金秋时节颗颗红果挂满枝条，煞是惹人喜爱。

💀 主岛，蝴蝶岛。

64. 下江忍冬

🏵 *Lonicera modesta*

🔵 忍冬科（Caprifoliaceae）忍冬属（*Lonicera*）

🌲 落叶灌木。叶厚纸质，菱状椭圆形至圆状椭圆形、菱状卵形或宽卵形；花冠白色，基部微红，后变黄色，唇形，花期5月。相邻两果实几乎全部合生，由橘红色转为红色，果期9—10月。

🍃 喜温暖、湿润的气候。对土壤要求不严，但以土层深厚、排水良好的肥沃土壤最佳。

🌼 花冠白色，基部带淡紫色；浆果红色。是优良的观花、观果灌木。

💀 主岛。

下江忍冬

65. 匍枝亮绿忍冬

🏵 *Lonicera nitida* 'Maigrun'

🔵 忍冬科（Caprifoliaceae）忍冬属（*Lonicera*）

🌲 常绿灌木。枝叶十分密集，小枝细长，横展生长；叶对生，细小，卵形至卵状椭圆形，革质，全缘，上面亮绿色，下面淡绿色；花腋生，并列着生两朵花，花冠管状，淡黄色，具清香，浆果蓝紫色。花期4—6月，果期7—8月。

🍃 耐低温，也耐高温；对光照不敏感，在全光照下生长良好，也能耐阴；对土壤要求不严。

🌼 四季常青，叶色亮绿，分枝茂密。

💀 主岛。

匍枝亮绿忍冬

接骨木

66. 接骨木

🕸 *Sambucus williamsii*

⊙ 忍冬科（Caprifoliaceae）接骨木属（*Sambucus*）

🌱 落叶灌木。茎无棱，多分枝，灰褐色，无毛；叶对生，单数羽状复叶；花与叶同出，圆锥形聚伞花序顶生，花冠蕾时带粉红色，开后白色或淡黄色。果实红色，极少为蓝紫黑色，卵圆形或近圆形。花期 4—5 月，果期 7—9 月。

🌡 适应性较强，对气候要求不高；喜向阳，但又稍耐荫蔽；以肥沃、疏松的土壤栽培为好。

🌸 枝叶繁茂，春季白花满树，夏秋红果累累，是良好的观赏灌木。

☠ 主岛。

67. 珊瑚树

🕸 *Viburnum odoratissimum*

⊙ 忍冬科（Caprifoliaceae）荚蒾属（*Viburnum*）

🌱 常绿灌木。枝灰色或灰褐色，有凸起的小瘤状皮孔；叶革质，椭圆形、矩圆形或矩圆状倒卵形至倒卵形，有时近圆形；圆锥花序顶生或生于侧生短枝上，花芳香，花冠白色，后变黄白色，有时微红；果实先红色后变黑色，卵圆形或卵状椭圆形。花期 4—5 月，果期 7—9 月。

🌡 喜温暖，稍耐寒，喜光稍耐阴。在潮湿、肥沃的中性土壤中生长迅速、旺盛，也能适应酸性或微碱性土壤。

🌸 观叶植物，枝繁叶茂，叶片亮绿。

☠ 主岛。

珊瑚树

珊瑚树的花

琼花

68. 琼花

🕸 *Viburnum macrocephalum*

⊙ 忍冬科（Caprifoliaceae）荚蒾属（*Viburnum*）

🌱 落叶或半常绿灌木。树皮灰褐色或灰白色；叶纸质，卵形至椭圆形或卵状椭圆形；聚伞花序，花冠白色，花大如盘，洁白如玉。果实红色而后变为黑色，椭圆形。花期 4—5 月，果期 9—11 月。

🌡 喜光，略耐阴，喜温暖、湿润的气候，较耐寒，宜在肥沃、湿润、排水良好的土壤中生长。

🌸 春夏之交，琼花花开洁白如玉，风姿绰约，格外清秀淡雅；秋风萧瑟，群芳落英缤纷，凋零衰败之际，琼花展示的却是绿叶红果的迷人秋色。

 主岛。

69. 水果兰

🏵 *Teucrium fruitcans*

🔵 唇形科（Labiatae）石蚕属（*Tcucrium*）

🌱 常绿灌木。全株银灰色；叶对生，卵圆形，叶片全年呈现出淡淡的蓝灰色；小枝四棱形，全株被白色绒毛，以叶背和小枝最多；春季枝头悬挂淡紫色小花，花期 1 个月左右。

🔥 喜光耐旱，适应性强，生长迅速，耐修剪，对水分的要求也不严格，可适应大部分地区的气候环境。

🍀 观叶植物，叶色奇特，既适宜做深绿色植物的前景，也适合做草本花卉的背景。

☠ 主岛。

70. 迷迭香

🏵 *Rosmarinus officinalis*

🔵 唇形科（Labiatae）迷迭香属（*Rosmarinus*）

🌱 常绿灌木。叶常常在枝上丛生，叶片线形，先端钝，基部渐狭，全缘，向背面卷曲，革质，上面稍具光泽，近无毛，下面密被以白色的星状绒毛；花近无梗，对生，花冠蓝紫色，花盘平顶，花期 11 月。

🔥 喜温暖气候，较耐旱，栽种的土壤以富含沙质、排水良好为佳。

🍀 名贵的天然香料植物，生长季节会散发清香气味，有清心提神的功效。

☠ 主岛。

水果兰　　　　　　　　水果兰的花　　　　　　　　迷迭香　　　　　　　　迷迭香的花

第三节　草本植物

1. 蛇莓

🏵 *Duchesnea indica*

🔵 蔷薇科（Rosaceae）蛇莓属（*Duchesnea*）

🌱 多年生草本。根茎短，粗壮；匍匐茎多数，有柔毛；小叶片倒卵形至菱状长圆形，先端圆钝，边缘有钝锯齿；花单生于叶腋，黄色；瘦果卵形，红色。花期 6—8 月，果期 8—10 月。

🔥 喜阴凉，耐寒，不耐旱，不耐水渍。在华北地区可露地越冬。对土壤要求不严，宜于疏松、湿润的沙质壤土中生长。

🍀 植株低矮，枝叶茂密，春季赏花，夏季观果。

☠ 环湖北路。

蛇莓

白车轴草

白车轴草的叶

芙蓉葵

2. 白车轴草

🐝 *Trifolium repens*

🔘 豆科（Leguminosae）车轴草属（*Trifolium*）

🌱 多年生草本。茎匍匐蔓生，全株无毛；掌状三出复叶，小叶倒卵形至近圆形，先端凹头至钝圆；花白色、乳黄色或淡红色，具香气；荚果长圆形。

🌡 长日照植物，不耐荫蔽，喜阳光充足的旷地，具有明显的向光性运动；喜欢黏土，耐酸性土壤，也可在沙质土中生长；不耐干旱和长期积水。

🌸 叶片秀丽，可用于园林绿化地被的建植。

💀 主岛，环湖东路，环湖北路。

3. 芙蓉葵

🐝 *Hibiscus moscheutos*

🔘 锦葵科（Malvaceae）木槿属（*Hibiscus*）

🌱 多年生草本。茎亚冠木状，粗壮，丛生，光滑被白粉；单叶互生，叶形多变，叶大，广卵形，叶柄、叶背密生灰色星状毛；花大，玫瑰红或白色，花期 6—9 月。

🌡 喜温耐湿，耐热，抗寒，喜光照充足，在排水良好土壤中生长最佳。

🌸 花朵硕大，花色鲜艳美丽。

💀 主岛。

4. 秋葵

🐝 *Abelmoschus esculentus*

🔘 锦葵科（Malvaceae）秋葵属（*Abelmoschus*）

🌱 一年生草本。主茎直立，赤绿色，圆柱形；叶掌状 5 裂，互生，叶身有茸毛或刚毛，叶柄细长，中空；花大而黄，着生于叶腋处 。果实为蒴果，长约 10 cm，先端细尖，略有弯曲，细长似羊角或辣椒，果皮薄革质，先端尖细，果色从淡绿至深绿色，亦有紫红色者。

🌡 喜温暖气候，不耐寒，适于在深厚、肥沃的土壤及阳光充足之地栽种。

🌸 花瓣由白到黄，花瓣根部有红色或紫色斑点，色艳丽，具观赏价值。

💀 主岛。

秋葵

秋葵的果

5. 锦葵

🌼 *Malva sinensis*

⊙ 锦葵科（Malvaceae）锦葵属（*Malva*）

🌱 两年生或多年生直立草本。叶圆心形或肾形，边缘具圆锯齿，两面均无毛或仅脉上疏被短糙伏毛；花 3～11 朵簇生，紫红色或白色；花期 5—10 月；果扁圆形，肾形，被柔毛。

🌡 适应性强，喜阳光充足，在各种土壤中均能生长，其中沙质土壤最适宜。

🌸 花朵清雅迷人，自然袅娜，花期长，具有很强的观赏价值。

☠ 主岛。

蜀葵

6. 蜀葵

🌼 *Althaea rosea*

⊙ 锦葵科（Malvaceae）蜀葵属（*Althaea*）

🌱 两年生直立草本，茎枝密被刺毛。叶近圆心形，掌状 5～7 浅裂或波状棱角，裂片三角形或圆形；花腋生，总状花序，有红、紫、白、粉红、黄和黑紫等色，单瓣或重瓣；花期 2—8 月。

🌡 喜阳光充足，耐半阴，但忌涝。耐盐碱能力强，耐寒冷，在疏松肥沃、排水良好、富含有机质的沙质土壤中生长良好。

🌸 花色多样、艳丽，花期长，具有很强的观赏价值。

☠ 哈尼岛。

锦葵

7. 柳叶马鞭草

🌼 *Verbena bonariensis*

⊙ 马鞭草科（Verbenaceae）马鞭草属（*Verbena*）

🌱 多年生草本。叶为柳叶形，十字对生；茎为正方形，全株有纤毛；聚伞花序，小筒状花着生于花茎顶部，紫红色或淡紫色。花期 5—9 月。

🌡 喜温暖气候，生长适宜温度为 20～30℃，不耐寒，10℃以下生长较迟缓，在全日照的环境下生长为佳，日照不足会生长不良；对土壤要求不严，排水良好即可，耐旱能力强。

🌸 花姿摇曳，花色娇艳，开花季节犹如一片粉紫色的云霞，令人震撼。

☠ 主岛，哈尼岛。

柳叶马鞭草

8. 美女樱

🌼 *Verbena hybrida*

⊙ 马鞭草科（Verbenaceae）马鞭草属（*Verbena*）

🌱 多年生草本。茎四棱；叶对生，长圆形、卵圆形或披针状三角形，边缘具缺刻状粗齿或整齐的圆钝锯齿；穗状花序顶生，多数小花密集排列呈伞房状，花色多，有白、粉红、深红、紫、蓝等不同颜色，也有复色品种，略具芬芳。花期长，花期5—11月；蒴果，果期9—10月。

🌲 喜阳光，较耐寒，不耐阴，不耐旱，北方

多作为一年生植物，在炎热夏季能正常开花。对土壤要求不高，但以疏松肥沃、较湿润的中性土壤为佳。

🌿 姿态优美，花色丰富，色彩艳丽，盛开时如花海一样，令人流连忘返。

💀 主岛。

美女樱

美女樱的花

9. 蒲苇

🌸 *Cortaderia selloana*

🍃 禾本科（Gramineae）蒲苇属（*Cortaderia*）

🌱 多年生草本。雌雄异株；秆高大粗壮，丛生；叶片质硬，狭窄，簇生于秆基，长1～3m，边缘具锯齿状粗糙；圆锥花序大型稠密，银白色至粉红色。花期9—10月。

🌲 性强健，耐寒，喜温暖湿润、阳光充足的气候。

🌿 花穗长而美丽，庭院栽培壮观而雅致，植于岸边入秋赏其银白色羽状穗的圆锥花序别有一番风味。

💀 各景区均有分布。

10. 斑叶芒

🌸 *Miscanthus sinensis* 'Zebrinus'

🍃 禾本科（Gramineae）芒属（*Miscanthus*）

🌱 多年生草本。丛生状，茎高1.2m，叶片具黄白色环状斑。圆锥花序扇形，小穗成对着生，含1朵两性花和1朵不育花，具芒；基盘有白至淡黄褐色丝状毛，秋季形成白色大花序。

🌲 喜光，耐半阴，性强健，抗性强。

🌿 作为园林观赏草，茎挺立，叶斑独特，叶形美丽，穗状花序可持续整个冬季。

💀 主岛，哈尼岛。

蒲苇

斑叶芒

11. 细叶芒

🏵 *Miscanthus sinensis* cv.

🔵 禾本科（Gramineae）芒属（*Miscanthus*）

🌱 多年生草本。叶直立、纤细，顶端呈弓形；顶生圆锥花序，花期 9—10 月，花色由最初的粉红色渐变为红色，秋季转为银白色。

🌲 耐半阴，耐旱，也耐涝。

🌳 姿态婆娑，叶纤细，常在园林中作为观赏草。

💀 主岛，哈尼岛。

细叶芒

13. 求米草

🏵 *Oplismenus undulatifolius*

🔵 禾本科（Gramineae）求米草属（*Oplismenus*）

🌱 多年生草本。针形，先端尖，基部略圆形而稍不对称，通常具细毛。圆锥花序长 2～10 cm。

🌲 极耐阴，有很强的适应能力。常生于海拔 740～2000 m 的山坡疏林下。

🌳 植株矮小，姿态优雅，小花玲珑秀丽。

💀 主岛。

求米草

12. 狼尾草

🏵 *Pennisetum alopecuroides*

🔵 禾本科（Gramincae）狼尾草属（*Pennisetum*）

🌱 多年生草本。秆直立，丛生；叶片线形，先端长渐尖，基部生疣毛，圆锥花序直立；颖果长圆形。花果期夏季。

🌲 喜光照充足的生长环境，耐旱、耐湿，亦能耐半阴，且抗寒性强。适合温暖、湿润的气候条件，当气温达到 20℃以上时，生长速度加快。

🌳 常在园林中作为观赏草。小兔子狼尾草为其栽培种，观赏性更强。

💀 主岛，哈尼岛。

狼尾草

14. 玉簪

🌸 *Hosta plantaginea*

🌐 百合科（Liliaceae）玉簪属（*Hosta*）

🌿 多年生草本。根状茎粗厚；叶卵状心形、卵形或卵圆形，先端近渐尖，基部心形，具6～10对侧脉；花单生或2～3朵簇生，白色，芳香；花梗长约1 cm；雄蕊与花被近等长或略短，基部约15～20 mm，贴生于花被管上。蒴果圆柱状，有三棱，花果期8—10月。

🔥 性强健，耐寒冷，喜阴湿环境，不耐强烈日光照射，要求土层深厚、排水良好且肥沃的沙质壤土。

🌼 较好的阴生植物，在园林中可用于树下做地被植物，或植于岩石园或建筑物北侧，正是"玉簪香好在，墙角几枝开"之景。

🏠 主岛，哈尼岛，醉花岛，环湖东路。

玉簪

玉簪的花

15. 萱草

🌸 *Hemerocallis fulva*

🌐 百合科（Liliaceae）萱草属（*Hemerocallis*）

🌿 多年生草本。根状茎粗短，具肉质纤维根，多数膨大呈窄长的纺锤形；叶基生成丛，条状披针形；夏季开橘黄色大花。

🔥 性强健，耐寒，华北可露地越冬，适应性强，喜湿润也耐旱，喜阳光又耐半阴。对土壤选择性不强，但以富含腐殖质、排水良好的湿润土壤为宜。

🌼 花色鲜艳，极为美观。

🏠 主岛，蝴蝶岛，环湖东路。

萱草

16. 火炬花

🌸 *Kniphofia uvaria*

🌐 百合科（Liliaceae）火把莲属（*Kniphofia*）

🌿 多年生草本。茎直立；叶丛生，草质，剑形；总状花序着生数百朵筒状小花，呈火炬形，花冠橘红色，花期6—10月。蒴果黄褐色，果期9月。

🔥 生长强健、耐寒；喜温暖与阳光充足的环境，对土壤要求不高，但以腐殖质丰富、排水良好的土壤为宜；忌雨涝积水。

🌼 花形、花色犹如燃烧的火把，点缀于翠叶丛中，具有独特的园林风韵。

🏠 主岛。

萱草的花

火炬花

17. 麦冬

🌸 *Ophiopogon japonicus*

🔘 百合科（Liliaceae）沿阶草属（*Ophiopogon*）

🌱 多年生草本。根较粗，中间或近末端常膨大成椭圆形或纺锤形的小块根；茎很短，叶基生成丛，禾叶状；总状花序长2～5 cm，白色或淡紫色；种子球形。花期5—8月，果期8—9月。

🏔 喜半阴、湿润而通风良好的环境，常野生于沟旁及山坡草丛中，耐寒性强。

🌸 为我国南北园林不可多得的四季常绿且耐旱植物，既可观叶，也可观花。

💀 各景区均有分布。

麦冬

兰花三七

吉祥草的花

吉祥草

18. 兰花三七

🌸 *Liriope cymbidiomorpha*

🔘 百合科（Liliaceae）山麦冬属（*Liriope*）

🌱 多年生草本。根状茎粗壮；叶线形，丛生，长10～40 cm；总状花序，花淡紫色，偶有白色。花期7—8月。

🏔 耐寒、耐热性均好，可生长于微碱性土壤，对光照适应性强，适宜作为地被植物或盆栽观赏。

🌸 四季常绿，既可观叶，又可观花。

💀 主岛，环湖东路。

19. 吉祥草

🌸 *Reineckia carnea*

🔘 百合科（Liliaceae）吉祥草属（*Reineckia*）

🌱 多年生草本。叶呈带状披针形，端渐尖，花葶抽于叶丛，花内白色外紫红色，稍有芳香，花期8—9月。浆果直径6～10 mm，熟时鲜红色。

🏔 性喜温暖、湿润的环境，较耐寒、耐阴，对土壤的要求不高，适应性强，以排水良好、肥沃的土壤为宜。

🌸 植株造型优美，叶色翠绿，是良好的地被植物。

💀 主岛，哈尼岛，蝴蝶岛，环湖东路。

天蓝鼠尾草

多花筋骨草

20. 天蓝鼠尾草

🌸 *Salvia officinalis*

⭕ 唇形科（Labiatae）鼠尾草属（*Salvia*）

🌱 多年生草本。根系发达，地上部分丛生；茎四方形，分枝较多，有毛。叶对生，银灰色，长椭圆形，先端圆，长 3 ～ 5 cm，全缘或具钝锯齿。8月开花，唇形花10个左右轮生，开于茎顶或叶腋，紫色；种子近圆形。

💧 喜温暖、阳光充足的环境，抗寒，可忍耐−15 ℃的低温。有较强的耐旱性。喜稍有遮阴和通风良好的环境，一般土壤均可生长，但喜排水良好的微碱性石灰质土壤。

🌼 叶有浓郁的香味，观赏性强；花色独特，沉稳，有香味。

🏝 主岛。

22. 凤仙花

🌸 *Impatiens balsamina*

⭕ 凤仙花科（Balsaminaceae）凤仙花属（*Impatiens*）

🌱 一年生草本。茎粗壮，肉质，直立，不分枝或有分枝，无毛或幼时被疏柔毛；叶互生，叶片披针形、狭椭圆形或倒披针形；花单生或 2 ～ 3 朵簇生于叶腋，白色、粉红色或紫色，单瓣或重瓣；种子圆球形，黑褐色。花期 7—10 月。

💧 性喜光，怕湿，耐热不耐寒。喜向阳的地势和疏松肥沃的土壤，在较贫瘠的土壤中也可生长。

🌼 花如鹤顶、似彩凤，姿态优美，妖媚悦人，花色、品种极为丰富，是美化花坛、花境的常用植物。

🏝 主岛。

21. 多花筋骨草

🌸 *Ajuga multiflora*

⭕ 唇形科（Labiatae）筋骨草属（*Ajuga*）

🌱 多年生草本。茎直立，四棱形，密被灰白色棉毛状长柔毛；叶片纸质，椭圆状长圆形或椭圆状卵圆形；穗状聚伞花序，花蓝紫色或蓝色；小坚果倒卵状三棱形。花期 4—5 月，果期 5—6 月。

💧 性喜半阴、湿润的气候。在酸性、中性土壤中生长良好；抗逆力强，长势强健。

🌼 花色独特，观赏性强。

🏝 主岛。

凤仙花

23. 针叶天蓝绣球

🌸 *Phlox subulata*

🌿 花葱科（Polemoniaceae）天蓝绣球属（*Phlox*）

🌱 多年生草本。茎丛生, 铺散, 多分枝, 被柔毛。叶对生或簇生于节上, 钻状线形或线状披针形, 长1～1.5 cm,锐尖,被开展的短缘毛; 花数朵生枝顶, 成简单的聚伞花序, 淡红色、紫色或白色; 蒴果长圆形, 高约4 mm。

🔔 极耐寒, 耐旱, 耐贫瘠, 耐高温。在−8℃时, 叶片仍呈绿色, −32℃低温时也可生存。在贫瘠的黄沙土地中, 即使多日无雨, 仍可生长; 一年中可开两次花, 每次可开40 d左右, 是极好的草坪草替代品种。

🌼 花期长, 绿期长, 特别是早春开花时, 繁花似锦, 喜庆怡人, 适于庭院花卉花坛配植或在岩石园中栽植, 群体观赏效果极佳。

☠ 主岛。

针叶天蓝绣球

针叶天蓝绣球的花

24. 八宝景天

🌸 *Hylotelephium erythrostictum*

🌿 景天科（Crassulaceae）八宝属（*Hylotelephium*）

🌱 多年生肉质草本。株高30～50 cm。地下茎肥厚, 地上茎簇生, 粗壮而直立, 全株略被白粉, 呈灰绿色; 叶轮生或对生, 倒卵形, 肉质, 具波状齿。伞房状聚伞花序着生茎顶, 花密生, 淡粉红色, 常见栽培的尚有白色、紫红色、玫红色品种, 花期7—10月。

🔔 性喜强光和干燥、通风良好的环境, 亦耐轻度庇荫, 能耐−20℃的低温; 不择土壤, 要求排水良好, 忌雨涝积水。

🌼 植株整齐, 生长健壮, 开花时群体效果极佳, 是布置花坛、花境和点缀草坪、岩石园的好材料。

☠ 主岛, 哈尼岛, 环湖北路。

八宝景天

八宝景天的花

25. 桔梗

🏵 *Platycodon grandiflorus*

🌿 桔梗科（Campanulaceae）桔梗属（*Platycodon*）

🌱 多年生草本。叶全部轮生，部分轮生至全部互生，无柄或有极短的柄，叶片卵形，卵状椭圆形至披针形；花单朵顶生，或数朵集成假总状花序，或有花序分枝而集成圆锥花序，花色为蓝色、紫色或白色，花期7—9月。

🔔 喜凉爽气候，耐寒，喜阳光。宜栽培在海拔1100 m以下的丘陵地带、半阴半阳的沙质土壤中，以富含磷钾肥的中性夹沙土生长较好。

🍀 花色美丽，可作为园林观花植物。

💀 主岛，哈尼岛。

风铃草

26. 风铃草

🏵 *Campanula medium*

🌿 桔梗科（Campanulaceae）风铃草属（*Campanula*）

🌱 多年生草本。叶互生；花冠钟状、漏斗状或管状钟形，蓝色至白色，花期6—9月。

🔔 喜夏季凉爽、冬季温和的气候，喜光照充足环境，可耐半阴。

🍀 花型独特，花色清新。

💀 主岛。

27. 波斯菊

🏵 *Cosmos bipinnata*

🌿 菊科（Asteraceae）秋英属（*Cosmos*）

🌱 一年生或多年生草本。叶二次羽状深裂，裂片线形或丝状线形；头状花序单生，紫红色、粉红色或白色；瘦果黑紫色，无毛，上端具长喙，有2～3不尖刺。花期6—8月，果期9—10月。

🔔 喜光，耐贫瘠土壤，忌肥，忌炎热，忌积水，对夏季高温不适应，也不耐寒。需疏松肥沃和排水良好的土壤。

🍀 株形高大，叶形雅致，花色丰富，有粉、白、深红等色，颇有野趣。

💀 主岛，哈尼岛，醉花岛，环湖北路。

桔梗

波斯菊

28. 大滨菊

Leucanthemum maximum

菊科(Asteraceae)滨菊属(*Leucanthemum*)

多年生草本。茎直立，少分枝，全株光滑无毛；叶互生，基生叶披针形，具长柄；茎生叶线形，稍短于基生叶，无叶柄。头状花序单生茎顶，舌状花白色，多二轮，具香气；管状花黄色。花期5—7月。

性喜阳光，适生温度为15～30℃，不择土壤。

花朵洁白素雅，株丛紧凑，适于花境前景或中景栽植，林缘或坡地片植，庭园或岩石园点缀栽植。

主岛。

29. 荷兰菊

Aster novi-belgii

菊科（Asteraceac）紫菀属（*Aster*）

多年生草本。株高50～100 cm；叶呈线状披针形；头状花序，单生，花色蓝紫或玫红，花期8—10月。

性喜阳光充足和通风的环境，适应性强，喜湿润但耐干旱、耐寒、耐瘠薄，对土壤要求不高，适宜在肥沃和疏松的沙质土壤中生长。

花繁色艳，适宜林缘或坡地片植，庭园或岩石园点缀栽植，亦可盆栽观赏。

主岛。

大滨菊

荷兰菊

荷兰菊近照

30. 亚菊

Ajania pallasiana

菊科（Asteraceae）亚菊属（*Ajania*）

多年生草本。茎直立；中部茎叶卵形，长椭圆形或菱形，二回掌状或不规则二回掌式羽状3～5裂，茎上部分叶常羽状分裂或3裂；头状花序多数或少数在茎顶或分枝顶端排成疏松或紧密的复伞房花序，黄色，花果期8—9月。

适应性强，耐低温，对土壤要求不严。

可观花、观叶，可布置在花坛、花境或岩石园中，也可在草坪中成片种植。

主岛。

亚菊

31. 金鸡菊

🌱 *Coreopsis drummondii*

🍃 菊科（Asteraceae）金鸡菊属（*Coreopsis*）

🌼 多年生草本。叶片多对生，稀互生，全缘，浅裂或切裂；花单生或疏圆锥花序，总苞 2 列，每列 3 枚，基部合生。舌状花 1 列，宽舌状，呈黄、棕或粉色。管状花黄色至褐色。

🔔 耐寒耐旱，对土壤要求不严，喜光，但耐半阴，适应性强，对二氧化硫有较强的抗性。

🌿 枝叶密集，花大色艳，是极好的疏林地被。

☠ 主岛，哈尼岛，醉花岛，蝴蝶岛。

金鸡菊

32. 黑心菊

🌱 *Rudbeckia hirta*

🍃 菊科（Asteraceae）金光菊属（*Rudbeckia*）

🌼 一年至两年生草本。花心隆起，紫褐色，花瓣从深色变黄，黄花期自初夏至降霜，栽培变种边花有桐棕色、栗褐色，重瓣和半重瓣类型。花色除黄色外，还有红色和双色。

🔔 适应性很强，不耐寒，很耐旱，不择土壤，极易栽培，应选择排水良好的沙壤土及向阳处栽植，喜向阳、通风的环境。

🌿 具有亮丽的色彩，花期非常长，花朵繁盛，适合用于布置庭院、作为花境材料、布置在草地边缘成自然式栽植。

☠ 主岛，醉花岛。

黑心菊

33. 黄金菊

🌼 *Euryops pectinatus*

🟢 菊科（Asteraceae）梳黄菊属（*Euryops*）

🌱 多年生草本。叶子绿色，花黄色，夏季开花。全株具香气，叶略带草香及苹果的香气。

🌡 喜阳光，适宜排水良好的沙质壤土或土质深厚、中性、略碱性的土壤。

🌸 花艳丽，可作花坛花卉、地被植物。

💀 主岛，醉花岛。

黄金菊

35. 蛇鞭菊

🌼 *Liatris spicata*

🟢 菊科（Asteraceae）蛇鞭菊属（*Liatris*）

🌱 多年生草本。茎基部膨大，呈扁球形，地上茎直立，株形锥状；基生叶线形，长达30 cm。因多数小头状花序聚集成长穗状花序，呈鞭形而得名。花色分淡紫和纯白两种。叶线形或披针形。花期7—8月。

🌡 耐寒，耐水湿，耐贫瘠，喜欢阳光充足、气候凉爽的环境，土壤要求疏松肥沃、排水良好，以pH值为6.5～7.2的沙壤土为宜。

🌸 姿态优美，马尾式的穗状花序直立向上，颇具特色。

💀 主岛。

34. 细裂银叶菊

🌼 *Senecio cineraria* 'Silver Dust'

🟢 菊科（Asteraceae）千里光属（*Senecio*）

🌱 多年生草本。叶匙形或羽状裂叶，全株密覆白色绒毛，有白雪皑皑之态；叶片质较薄，缺裂如雪花图案，具较长的白色绒毛。花紫红色。

🌡 喜充足的阳光，性喜温暖，不耐高温，在夏季高温呈半休眠状态。生长适温为15～25℃。

🌸 色彩独特，与其他彩叶植物搭配，效果突出。

💀 主岛。

细裂银叶菊

蛇鞭菊

蛇鞭菊的花

36. 松果菊

🎋 *Echinacea purpurea*

⭕ 菊科（Asteraceae）松果菊属（*Echinacea*）

🌱 多年生草本。花茎挺拔，头状花序单生于枝顶；花朵较大，花冠直径为 8～13 cm；花形奇特有趣，中心部分突起呈球形，球上的管状花为橙黄色，外围是舌状花瓣，有红色、粉红色、复色和白色等颜色。经过人工栽培，可在每年的 5 月、10 月开花，花期 1～2 个月。

🔔 喜温暖的环境，性强健而耐寒。喜光，耐干旱。不择土壤，在深厚肥沃、富含腐殖质土壤中生长良好。

🍀 花形奇特，花色多样，可作背景栽植或花境、坡地等绿化材料。

🏯 主岛。

松果菊

蛇目菊

37. 天人菊

🎋 *Gaillardia pulchella*

⭕ 菊科（Asteraceae）天人菊属（*Gaillardia*）

🌱 一年生草本。下部叶匙形或倒披针形，边缘波状钝齿，先端急尖，近无柄，上部叶长，椭圆形、倒披针形或匙形，全缘或上部有疏锯齿或中部以上 3 浅裂；头状花序，舌状花黄色，基部带紫色，舌片宽楔形，长 1 厘米，顶端 2～3 裂；管状花裂片三角形，顶端渐尖成芒状，被节毛。花果期 6—8 月。

🔔 耐干旱炎热，不耐寒，喜阳光，也耐半阴，适宜排水良好的疏松土壤。

🍀 花姿娇娆，色彩艳丽，花期长，可作花坛、花丛的材料。

🏯 主岛，醉花岛。

38. 蛇目菊

🎋 *Sanvitalia procumbens*

⭕ 菊科（Asteraceae）蛇目菊属（*Sanvitalia*）

🌱 一年生草本，茎平卧或斜升，被毛；叶菱状卵形或长圆状卵形，全缘，少有具齿，两面被疏贴短毛；头状花序单生于茎、枝顶端。雌花 10～12 朵，舌状，黄色或橙黄色，顶端具 3 齿；两性花暗紫色，顶端 5 齿裂。

🔔 喜阳光充足的环境，耐寒力强，耐干旱，耐瘠薄，不择土壤，在肥沃的土壤中易陡长倒伏。凉爽季节生长较佳。

🍀 花色艳丽，可作花坛、花丛的材料。

🏯 主岛，醉花岛。

天人菊

39. 大吴风草

🏵 *Farfugium japonicum*

🔵 菊科（Asteraceae）大吴风草属（*Farfugium*）

🌱 多年生草本。根茎粗壮；叶全部基生，莲座状，有长柄，叶片肾形，先端圆形，全缘或有小齿至掌状浅裂，叶质厚，近革质；头状花序辐射状，2～7朵排列成伞房状花序，花黄色；瘦果圆柱形，长达7毫米，有纵肋。花果期8月至翌年3月。

🌲 喜半阴和湿润的环境；耐寒，在江南地区能露地越冬；害怕阳光直射；对土壤适应度较好，以肥沃疏松、排水好的黑土为宜。

🍃 叶片翠绿清雅，常与麦冬、兰花、三七等共同营造林下景观。深秋季节，明黄色的花开满枝头，花黄叶绿，颇为美丽。

💀 主岛，醉花岛。

大吴风草

大吴风草的花

40. 紫叶千鸟花

🏵 *Gaura lindheimeri* 'Crimson Bunny'

🔵 柳叶菜科（Onagraccac）山桃草属（*Gaura*）

🌱 多年生草本。全株具粗毛；叶片紫色，披针形，先端尖，缘具波状齿；穗状花序顶生，细长而疏散。花小而多，粉红色。花期5—11月。

🌲 喜光，性耐寒，喜凉爽及半湿润的环境，以疏松、肥沃、排水良好的沙质壤土为宜。

🍃 全株呈现靓丽的紫色，花多而繁茂，婀娜轻盈，是新型观叶观花植物。

💀 主岛。

紫叶千鸟花

41. 美丽月见草

🏵 *Oenothera speciosa*

🔵 柳叶菜科（Onagraceae）月见草属（*Oenothera*）

🌱 多年生草本。茎直立，幼苗期呈莲座状，基部有红色长毛；叶互生，茎下部分有柄，上部的叶无柄；叶片长圆状或披针形，边缘有疏细锯齿，两面被白色柔毛；花单生于枝端叶腋，排成疏穗状，萼管细长，白色至粉红色。花期4—10月。

🌲 生长强健，非常耐旱，对土壤要求不严，适应性强。

🍃 花为靓丽的粉红色，花径大，花量多，具有非常强的自播繁衍能力，可以大面积布置，也可以作为花坛花栽培。

💀 主岛。

美丽月见草　　　　　　　　　　山桃草　　　　　　　　　　　　　山桃草的花

42. 山桃草

 Gaura lindheimeri

柳叶菜科（Onagraceae）山桃草属（*Gaura*）

多年生草本。茎直立；叶无柄，椭圆状披针形或倒披针形；花序长穗状，生茎枝顶部，不分枝或有少数分枝；花瓣白色，后变粉红；蒴果坚果状，狭纺锤形。花期5—8月，果期8—9月。

耐寒，喜凉爽及半湿润的气候，宜生长在阳光充足的地方，耐半阴；对土质要求不严，以疏松、肥沃、排水良好的沙质壤土为佳。

枝条轻盈，繁花点点，多成片群植，也可用作庭院绿化。

主岛。

43. 紫娇花

Tulbaghia violacea

石蒜科（Amaryllidaceae）紫娇花属（*Tulbaghia*）

多年生草本。叶多为半圆柱形，中央稍空；花茎直立，茎叶均含有韭菜味；顶生聚伞花序开紫粉色小花，花瓣肉质；果实为三角形蒴果，内含扁平硬实的黑色种子。

喜光，但不宜遮阴。喜高温，耐热；对土壤要求不严，但在肥沃而排水良好的沙壤土或壤土中开花旺盛。

叶丛翠绿，花朵俏丽，花期长，是夏季难得的观赏花卉。

主岛。

紫娇花

44. 百子莲

Agapanthus africanus

石蒜科（Amaryllidaceae）百子莲属（*Agapanthus*）

多年生草本。叶线状披针形，近革质；花茎直立；伞形花序，有花10～50朵，花漏斗状，深蓝色或白色，花药最初为黄色，后变成黑色；花期7—8月。

喜温暖、湿润和阳光充足的环境。生长环境要求：夏季凉爽、冬季温暖，疏松、肥沃的沙质壤土，忌积水。

叶色浓绿，光亮，花蓝紫色，也有白色、紫花等品种，花形秀丽，适于用作岩石园和花径的点缀植物。

主岛。

白子莲　　　　　　　　　　　　　百子莲的花

45. 葱莲

🌀 *Zephyranthes candida*

⬤ 石蒜科（Amaryllidaceae）葱莲属（*Zephyranthes*）

🌼 多年生草本。鳞茎卵形；叶狭线形，肥厚，亮绿色；花茎中空；夏季开花，花单生于花茎顶端，下有带褐红色的佛焰苞状总苞；花白色，外面常带淡红色；蒴果近球形。

🌡 喜阳光，耐半阴与低湿，喜肥沃、带有黏性而排水好的土壤；较耐寒，在长江中下游流域可保持常绿，0℃以下亦可存活较长时间。在−10℃左右的条件下，短时不会受冻，但时间较长则可能会冻死。

🌸 株丛低矮，叶色亮绿，花朵繁多，繁茂的白色花朵高出叶端，在丛丛绿叶的烘托下，给人以清凉舒适的感觉。

💀 主岛，哈尼岛。

葱莲

47. 石竹

🌀 *Dianthus chinensis*

⬤ 石竹科（Caryophyllaceae）石竹属（*Dianthus*）

🌼 多年生草本。叶片线状披针形，顶端渐尖，全缘或有细小齿，中脉较显；花单生枝端或数花集成聚伞花序，紫红色、粉红色、鲜红色或白色，花瓣阳面中下部组成黑色美丽环纹，盛开时瓣面如蝶闪着绒光，绚丽多彩。花期5—6月，果期7—9月。

石蒜

46. 石蒜

🌀 *Lycoris radiata*

⬤ 石蒜科（Amaryllidaceae）石蒜属（*Lycoris*）

🌼 多年生草本。鳞茎近球形；秋季出叶，叶狭带状，顶端钝，深绿色，中间有粉绿色带；花茎高约30cm，伞形花序有花4～7朵，花鲜红色；花期8—9月。

🌡 适应性强，较耐寒；喜湿润，也耐干旱，对土壤要求不严，以富有腐殖质的土壤和阴湿而排水良好的环境为佳。

🌸 花形奇特，花色艳丽，是优良的观赏植物。

💀 主岛，哈尼岛。

石竹

🌡 耐寒、耐干旱，不耐酷暑，夏季会出现不良或枯萎，栽培时应注意遮阴、降温。要求肥沃、疏松、排水良好及含石灰质的壤土或沙质壤土，忌水涝，好肥。

🌸 花色多样，株形各异，是很好的观赏花卉。

💀 主岛。

48. 紫露草

🌸 *Tradescantia ohiensis*

🍃 鸭跖草科（Commelinaceae）紫露草属（*Tradescantia*）

🌱 多年生草本。茎直立分节、簇生；株丛高大，高度可达 25～50 cm；叶互生，线形或披针形。花序顶生、伞形，花紫色；蒴果近圆形，无毛。花期为 6 月至 10 月下旬。

🌡 喜温湿、半阴的环境，耐寒，最宜温度为 15～25℃，对土壤要求不高，在沙土、壤土中均可正常生长，忌土壤积水。

🌼 花色鲜艳，花期长，抗逆性强。

🏯 主岛。

紫露草

紫露草的花

49. 射干

🌸 *Belamcanda chinensis*

🍃 鸢尾科（Iridaceae）射干属（*Belamcanda*）

🌱 多年生草本。叶互生，嵌迭状排列，剑形；花序顶生，叉状分枝，每分枝的顶端聚生有数朵花；花橙红色，散生紫褐色的斑点；蒴果倒卵形或长椭圆形，黄绿色。花期 6—8 月，果期 7—9 月。

🌡 喜温暖和阳光，耐干旱和寒冷，对土壤要求不严，山坡旱地亦能栽培，但以肥沃疏松、排水良好的沙质壤土为好。忌低洼地和盐碱地。

🌼 花形飘逸，有趣味性，适用于营造花径。

🏯 主岛，环湖北路。

射干

50. 鸢尾

🌸 *Iris tectorum*

🍃 鸢尾科（Iridaceae）鸢尾属（*Iris*）

🌱 多年生草本。叶基生，黄绿色，稍弯曲，中部略宽，宽剑形，基部鞘状，有数条不明显的纵脉。花蓝紫色，蒴果长椭圆形或倒卵形。花期 4—5 月，果期 6—8 月。

🌡 耐寒性较强，喜阳光充足、气候凉爽，耐寒力强，亦耐半阴环境，适于生长在适度湿润、排水良好、富含腐殖质、略带碱性的黏性土壤中。

🌼 花形飘逸，有趣味性，适用于营造花径。

🏯 各景区均有分布。

鸢尾

51. 西伯利亚鸢尾

🌸 *Iris sibirica*

🔵 鸢尾科（Iridaceae）鸢尾属（*Iris*）

🌱 多年生草本。叶灰绿色，条形，顶端渐尖，无明显的中脉；花茎高于叶片，平滑，蓝紫色；蒴果卵状圆柱形、长圆柱形或椭圆状柱形。花期4—5月，果期6—7月。

🌡 既耐寒又耐热，在浅水、湿地、林荫、旱地或盆栽均能生长良好，而且抗病性强，尤其抗根腐病，是鸢尾属中适应性较强的一种。

⚙ 花形飘逸，有趣味性，适用于营造花径。

☠ 哈尼岛，环湖北路。

西伯利亚鸢尾

西伯利亚鸢尾的花

红花酢浆草

52. 红花酢浆草

🌸 *Oxalis corymbosa*

🔵 酢浆草科（Oxalidaceae）酢浆草属（*Oxalis*）

🌱 多年生草本。地下部分有球状鳞茎；叶基生；叶柄长5～30cm或更长，被毛；小叶3，扁圆状倒心形；二歧聚伞花序，通常排列成伞形花序，粉色；花期3—12月。

🌡 喜向阳、温暖、湿润的环境，夏季炎热地区宜遮半阴，抗旱能力较强，不耐寒，华北地区冬季需进温室栽培，长江以南可露地越冬。

⚙ 植株低矮、整齐，花多叶繁，花期长，花色艳，覆盖地面迅速，又能抑制杂草生长，适合在花坛、花径、疏林地及林缘大片种植。

☠ 主岛，哈尼岛，环湖北路。

53. 红蓼

🌸 *Polygonum orientale*

🔵 蓼科（Polygonaceae）蓼属（*Polygonum*）

🌱 一年生草本。茎直立，粗壮。叶宽卵形、宽椭圆形或卵状披针形，全缘。总状花序呈穗状，顶生或腋生，长3～7cm，花紧密，微下垂，红色。瘦果近圆形，黑褐色，有光泽，包于宿存花被内。花期6—9月，果期8—10月。

🌡 喜温暖、湿润的环境。土壤要求湿润、疏松。

⚙ 高大茂盛，花密红艳，适于观赏。

☠ 主岛，环湖北路。

红蓼

第四节　竹　类

1. 刚竹

刚竹

🌸 *Phyllostachys sulphurea*

🔵 禾本科（Gramineae）刚竹属（*Phyllostachys*）

🌱 干高2～5 m，直径4～10 cm，幼时无毛，微被白粉，绿色；中部节间长20～45 cm，壁厚约5 mm；鞘背面呈乳黄色或绿黄褐色又多少带灰色，有绿色脉纹，无毛，末级小枝有2～5片叶。叶鞘无毛或仅上部有细柔毛；叶耳及鞘口缝毛均发达；叶片长圆状披针形或披针形，长5.6～13 cm。笋期5月中旬。

🔔 抗性强，适应酸性至中性土，但忌排水不良，耐−18℃的低温。

🌲 秆高挺秀，枝叶青翠，是长江下游地区重要的观赏和用材竹种之一。

💀 哈尼岛，蝴蝶岛，环湖东路。

毛竹

2. 毛竹

🌸 *Phyllostachys heterocycla*

🔵 禾本科（Gramineae）刚竹属（*Phyllostachys*）

🌱 地下茎为单轴散生。秆高达20 m，幼秆密被细柔毛及厚白粉，箨环有毛，老秆无毛，并由绿色渐变为绿黄色；基部节间甚短而中部和顶部的节间较长，中部节间长达40 cm或更长，壁厚约1 cm（但有变异）；秆环不明显，低于箨环或在细秆中隆起。花枝穗状，长5～7 cm，无叶耳；颖果长椭圆形。笋期4月，花期5—8月。

🔔 根系集中稠密，竹秆生长快，生长量大。因此要求温暖湿润的气候条件，适宜温度为15～20℃，适宜年降水量为1200～1800 mm。对土壤的要求也高于一般树种，既需要充裕的水湿条件，又不耐积水淹浸，喜肥沃、湿润、排水和透气性良好的酸性沙质土。

🌲 四季常青，竹秆挺拔秀伟，潇洒多姿，卓雅风韵，独有情趣。

💀 哈尼岛，蝴蝶岛。

淡竹

淡竹枝叶

金镶玉竹

黄古竹

3. 淡竹

🌸 *Phyllostachys glauca*

🌱 禾本科 (Gramineae) 刚竹属 (*Phyllostachys*)

🌿 中型竹，主干高 5 ～ 18 m，直径约 25 mm 或更大。梢端微弯，中部节间长 30 ～ 40 cm；秆绿色或黄绿色，节下有白粉环。叶耳及鞘口继毛均存在但早落；叶舌紫褐色；叶片长 7 ～ 16 cm，宽 1.2 ～ 2.5 cm，下表面沿中脉两侧稍被柔毛。花枝呈穗状。笋期 4 月中旬至 5 月底，花期 6 月。

🌲 耐寒耐旱性较强。

🌼 姿态婀娜，竹笋光洁如玉，适用于庭园观赏。

💀 哈尼岛，蝴蝶岛，环湖东路，环湖北路。

5. 黄古竹

🌸 *Phyllostachys angusta*

🌱 禾本科 (Gramineae) 刚竹属 (*Phyllostachys*)

🌿 秆高 6 ～ 8 m，径可达 5 cm，新秆被稀疏白粉。箨鞘乳白或带黄绿色，具稀疏小斑点，无毛，无箨耳和鞘口遂毛；箨舌甚发达，淡黄绿色，先端撕裂，具灰白色长纤毛；箨叶矛状至带状，绿色，边缘淡黄色，反转。笋期 4 月下旬。

🌲 宜栽植在背风向阳处，喜空气较湿润的环境。

🌼 四季常青，姿态秀丽。

💀 主岛，蝴蝶岛。

4. 金镶玉竹

🌸 *Phyllostachys aureosulcata* f. *spectabilis*

🌱 禾本科 (Gramineae) 刚竹属 (*Phyllostachys*)

🌿 中型竹，秆高 9 m，粗 4 cm，金黄色，除分枝一侧的纵槽绿色外，有数个绿色纵条；秆环与箨环均微隆起，节下有白粉环。节间有绿色纵纹，有的竹鞭也有绿色条纹，叶绿，少数叶有黄白色彩条，叶片长 7 ～ 15 cm，宽 1 ～ 1.5 cm。

🌲 适应性强，易种植，成林快。

🌼 竹中珍品，其珍奇之处在嫩黄色的竹秆上，于每节生枝叶处都天然形成一道碧绿色的浅沟，位置节节交错。一眼望去，如根根金条上镶嵌着块块碧玉，清雅大方。

💀 主岛，蝴蝶岛，环湖东路。

龟甲竹

6. 龟甲竹

Phyllostachys heterocycla

禾本科（Gramineae）刚竹属
（*Phyllostachys*）

植株较高大，秆高可达 20 m，粗可达
20 cm，秆绿黄色；基部节间甚短而中部和顶部的
节间较长；秆环不明显，低于箨环或在细秆中隆起。
箨鞘背面黄褐色或紫褐色；箨片较短，长三角形至
披针形；叶耳不明显；叶舌隆起；叶片较小、较薄。
花枝穗状；颖果长椭圆形，顶端有宿存的花柱基部。
笋期 4 月，花期 5—8 月。

喜温暖、湿润的气候。适宜温度为
12 ～ 22 ℃，但是 1 月份气温为 −5 ～ 10 ℃，
极端最低气温可达 − 20℃的也可生长，年降水量
1000 ～ 2000 mm 为宜。

节片像龟甲又似龙鳞，凹凸有致，坚硬粗糙。
与其他灵秀、俊逸的竹子相比，少了份柔弱飘逸，
多了些刚强与坚毅。

主岛。

7. 慈孝竹

Bambusa multiplex

禾本科（Gramineae）簕竹属（*Bambusa*）

灌木型合轴丛生竹，秆高 4 ～ 7 m，直
径 2 ～ 4 cm，节间圆柱形，绿色，老时变黄色，

长 20 ～ 30 cm，秆箨宽硬，先端近圆形，箨
叶直立，三角形或长三角形，顶端渐尖而边缘内
卷；鞘硬而脆，背面草黄色，无毛，腹面平滑而
有光泽；箨耳不明显或不发育，箨舌甚不显著，
全缘或细齿裂，叶片线状披针形，叶表深绿色，
叶背粉白色，叶鞘无毛，叶耳不明显，叶舌截平。
6—9 月发笋。

喜温暖、湿润的气候。在南方暖地竹种
中，慈孝竹的耐寒力较强，喜排水良好、湿润
的土壤。

秆青绿色，枝叶密集下垂，形状优雅，姿
态秀丽，为传统观赏叶竹种。

主岛，哈尼岛，蝴蝶岛。

慈孝竹

慈孝竹的叶子

8. 凤尾竹

🌸 *Bambusa multiplex* cv. *fernleaf*

🌿 禾本科（Gramineae）簕竹属（*Bambusa*）

🌼 秆高可达 6 m，秆中空，小枝稍下弯，下部挺直，绿色；节处稍隆起，无毛；叶鞘无毛，纵肋稍隆起，背部具脊；叶耳肾形，边缘具波曲状细长缲毛；叶舌圆拱形，叶片线形，上表面无毛，下表面粉绿而密被短柔毛。

🔔 喜酸性、微酸性或中性土壤，忌黏重、碱性土壤。

♻ 清新秀丽，四季常青。

☠ 主岛，蝴蝶岛。

凤尾竹

9. 箬竹

🌸 *Indocalamus tessellatus*

🌿 禾本科（Gramineae）箬竹属（*Indocalamus*）

🌼 秆高可达 2 m；一般为绿色，秆下部较窄，上部稍宽；小枝 2～4 叶；叶鞘紧密抱秆，无叶耳；叶片在成长植株上稍下弯，宽披针形或长圆状披针形，先端长尖，基部楔形，下表面灰绿色，密被贴伏的短柔毛或无毛，叶缘生有细锯齿。圆锥花序，小穗绿色带紫，花药黄色。笋期 4—5 月，6—7 月开花。

🔔 较耐寒，喜湿耐旱，对土壤要求不严，在轻度盐碱土中也能正常生长，喜光，耐半阴。

♻ 叶大，植株矮小，常绿，姿态优美，是理想的庭院观赏和园林绿化竹种。

☠ 主岛，蝴蝶岛。

箬竹

第五节　藤本植物

1. 木香花

🌐 *Rosa banksiae*

⚪ 蔷薇科（Rosaceae）蔷薇属（*Rosa*）

🌳 攀缘小灌木，高可达 6 m。小枝圆柱形，无毛，有短小皮刺；小叶 3～5 片，叶片椭圆状卵形或长圆披针形，边缘有细锯齿；花白色，花瓣重瓣至半重瓣，多朵成伞形花序；花期 4—5 月。

🔔 喜阳光，亦耐半阴，较耐寒，适生于排水良好的肥沃润湿地。对土壤要求不严，但在土层深厚、疏松、肥沃湿润而又排水良好的土壤中生长更好。

🌼 花淡雅秀丽，是极好的垂直绿化材料。

👥 主岛，环湖东路。

紫藤

2. 紫藤

🌐 *Wisteria sinensis*

⚪ 豆科（Leguminosae）紫藤属（*Wisteria*）

🌳 落叶藤本。茎右旋，枝较粗壮，嫩枝被白色柔毛，后秃净；奇数羽状复叶，托叶线形，早落；总状花序，花序轴被白色柔毛；花冠紫色，先端略凹陷，花开后反折；荚果倒披针形；种子褐色，具光泽，圆形。花期 4 月中旬至 5 月上旬，果期 5—8 月。

🔔 暖温带植物，适应性强，较耐寒，能耐水湿及瘠薄土壤，喜光，较耐阴。以土层深厚、排水良好、向阳避风的地方栽培最适宜。

🌼 春季开花，青紫色蝶形花冠，紫穗满垂缀而稀疏嫩叶，十分优美，是优良的观花类藤本植物。

👥 哈尼岛，环湖东路。

木香

3. 香豌豆

🏵 *Lathyrus odoratus*

🌐 豆科（Leguminosae）香豌豆属（*Lathyrus*）

🌱 一年至两年生蔓性攀缘草本植物。高 50 ～ 200 cm，全株被白色毛，茎攀缘，多分枝，具翅。茎棱状有翼，羽状复叶，仅茎部 2 片小叶，先端小叶变态形成卷须，花具总梗，腋生，着花 1 ～ 4 朵，花大呈蝶形，花色有紫、红、蓝、粉、白等，并具斑点、斑纹，具芳香；荚果长圆形，内含 5 ～ 6 粒种子，种子球形、褐色。花果期 6—9 月。

🌲 性喜温暖、凉爽的气候，要求阳光充足，忌酷热，稍耐寒，在长江中下游以南地区能露地过冬；对土壤要求不严，但在排水良好、土层深厚、肥沃的中性或微碱性土中生长较佳。

🌼 花型独特，花色丰富、艳丽，花形优美，瓣型较多，枝条细长柔软。

💀 主岛。

香豌豆

4. 常春藤

🏵 *Hedera helix*

🌐 五加科（Araliaceae）常春藤属（*Hedera*）

🌱 多年生常绿攀缘灌木。气生根，茎灰棕色或黑棕色，光滑，单叶互生；叶柄无托叶有鳞片；花枝上的叶椭圆状披针形，伞形花序单个顶生，花淡黄白色或淡绿白色，花药紫色；花盘隆起，黄色。果实圆球形，红色或黄色。花期 9—11 月，果期翌年 3—5 月。

常春藤

🌲 阴性藤本植物，也能生长在全光照的环境中，在温暖湿润的气候条件下生长良好，不耐寒；土壤要求不严，喜湿润、疏松、肥沃的土壤，不耐盐碱。

🌼 叶形美丽，四季常青，在我国各地常作为垂直绿化使用。

💀 主岛，哈尼岛。

5. 凌霄

🏵 *Campsis grandiflora*

🌐 紫葳科（Bignoniaceae）凌霄属（*Campsis*）

🌱 落叶攀缘藤本。茎木质，表皮脱落，枯褐色，以气生根攀附于他物之上。叶对生，为奇数羽状复叶顶生疏散的短圆锥花序。花萼钟状，花冠内面鲜红色，外面橙黄色。雄蕊着生于花冠筒近基部，花丝线形，细长。花药黄色，"个"字形着生。花柱线形，柱头扁平。蒴果顶端钝。花期5—8月。

🔆 喜阳光充足，也耐半阴。耐寒、耐旱、耐瘠薄，病虫害较少，但不适宜暴晒或在无阳光下生长。以排水良好、疏松的中性土壤为宜，忌酸性土。忌积涝、湿热。

🌳 干枝虬曲多姿，翠叶团团如盖，花大色艳，花期甚长，是理想的垂直绿化材料。

👥 哈尼岛，环湖东路。

凌霄

凌霄的花

6. 金银花

🌐 *Lonicera japonica*

🍃 忍冬科（Caprifoliaceae）忍冬属（*Lonicera*）

🌱 多年生半常绿缠绕及匍匐茎灌木。小枝细长，中空，藤为褐色至赤褐色。卵形叶子对生，枝叶均密生柔毛和腺毛。夏季开花，苞片叶状，唇形花有淡香，外面有柔毛和腺毛，雄蕊和花柱均伸出花冠，花成对生于叶腋，花色初为白色，渐变为黄色，黄白相映，球形浆果，熟时黑色。

🔆 适应性很强，喜阳，耐阴，耐寒性强，也耐干旱和水湿，对土壤要求不高，但在湿润、肥沃的深厚沙质土壤中生长最佳，每年春夏两次发梢。

🌳 叶片秀丽，花朵黄白相间，多用作垂直绿化和地被植物。

👥 主岛，哈尼岛，醉花岛。

金银花

金银花

光叶子花

光叶子花

7. 光叶子花

🌸 *Bougainvillea glabra*

🌿 紫茉莉科（Nyctaginaceae）叶子花属
（*Bougainvillea*）

🌱 藤状灌木，叶互生，叶片纸质，卵形或卵状披针形；花顶生于枝端的 3 个苞片内，花梗与苞片中脉贴生，每个苞片上生 1 朵花；苞片 3 枚，叶状，紫色或洋红色；瘦果有 5 棱。花期冬春间（多在广州、海南、昆明等地），北方温室栽培 3—7 月开花。

🔥 喜温暖、湿润的气候，不耐寒，喜充足光照。品种多样，植株适应性强，不仅在南方地区广泛分布，在寒冷的北方温室也可栽培。

🌼 苞片大，色彩鲜艳如花，持续时间长，观赏价值很高。

💀 主岛。

圆叶牵牛花

8. 圆叶牵牛花

🌸 *Pharbitis purpurea*

🌿 旋花科（Convolvulaceae）牵牛属
（*Pharbitis*）

🌱 一年生攀缘草本。茎上被倒向的短柔毛，杂有倒向或开展的长硬毛。叶圆心形或宽卵状心形，通常全缘，偶有 3 裂；花腋生，单一或 2 ～ 5 朵着生于花序梗顶端成伞形聚伞花序，花冠漏斗状，紫红色、红色或白色，花冠管通常为白色；蒴果近球形。5—10 月开花，8—11 月结果。

🔥 适应性较强，阳性，喜温暖，不耐寒，耐干旱、瘠薄。

🌼 花色艳丽，花期长，充满野趣。

💀 主岛。

第六节 水生植物

1. 千屈菜

🏵 *Lythrum salicaria*

⚪ 千屈菜科（Lythraceae）千屈菜属（*Lythrum*）

🌿 多年生草本。根茎横卧于地下，粗壮；茎直立，多分枝，枝通常具 4 棱。叶对生或三叶轮生，披针形或阔披针形；花组成小聚伞花序，簇生，因花梗及总梗极短，因此花枝全形似一大型穗状花序；花瓣 6 片，红紫色或淡紫色，花期 7—8 月；蒴果扁圆形。

🔔 生于河岸、湖畔、溪沟边和潮湿草地。喜强光，耐寒性强，喜水湿，对土壤要求不严，在深厚、富含腐殖质的土壤中生长更好。

🌳 株丛整齐，耸立而清秀，花朵繁茂，花序长，花期长，是水景中优良的竖线条材料。

💀 各景区均有分布。

千屈菜   千屈菜的花

2. 芦苇

🏵 *Phragmites australis*

⚪ 禾本科（Gramineae）芦苇属（*Phragmites*）

🌿 多年生挺水草本。根状茎十分发达。秆直立，高 1～3m，基部和上部的节间较短，最长节位于下部第 4～6 节，节下被有蜡粉。叶片披针状线形，无毛，顶端长渐尖成丝形。圆锥花序大型。颖果长约 1.5mm。

🔔 生长在浅水或低湿地，根状茎具有很强的生

芦苇   芦苇的花

命力，能较长时间埋在地下，一旦条件适宜，便可发育成新枝。也能以种子繁殖，种子可随风传播。对水分的适应幅度很宽，从土壤湿润到长年积水，都能形成芦苇群落，素有"禾草森林"之称。

🎐 茎秆直立，植株高大，迎风摇曳，野趣横生。

🌾 各景区均有分布。

3. 芦竹

🌐 *Arundo donax*

⭕ 禾本科（Gramineae）芦竹属（*Arundo*）

🌱 多年生挺水草本。株高3～6 m，具发达根状茎。秆粗大直立，坚韧，具多数节，

芦竹

芦竹的叶

常生分枝。叶鞘长于节间，无毛或颈部具长柔毛；叶舌截平，先端具短纤毛；叶片扁平，上面与边缘微粗糙，基部白色，抱茎。圆锥花序极大型，分枝稠密，斜升；背面中部以下密生长柔毛，两侧上部具短柔毛，颖果细小、黑色。花果期9—12月。

🔥 喜温暖，喜水湿，耐寒性不强；生于河岸、道旁的沙质土壤中。

🎐 叶片伸长，具白色纵长条纹而甚美观，常用作观叶植物。

🌾 各景区均有分布。

4. 荻

🌐 *Triarrherca sacchariflora*

⭕ 禾本科（Gramineae）荻属（*Triarrherca*）

🌱 多年生湿生草本。匍匐根状茎，秆直立，高可达1.5 m，节生柔毛。叶鞘无毛，叶舌短，具纤毛；叶片扁平，宽线形，边缘锯齿状粗糙，基部常收缩成柄，粗壮。圆锥花序舒展成伞房状，主轴无毛，腋间生柔毛，小穗柄顶端稍膨大，小穗线状披针形，成熟后带褐色；颖果长圆形，花果期8—10月。

🔥 繁殖力强，耐瘠薄土壤，主要集中生长于水分充足的沿江河流域、湖畔滩涂、海滨港湾及内陆的低洼地带。

🎐 叶子长形，紫色花穗，生长在水边，花期在秋季，是良好的观花类湿生植物。

🌾 环湖北路。

荻花

5. 茭白

🌐 *Zizania latifolia*

⭕ 禾本科（Gramineae）菰属（*Zizania*）

🌱 多年生湿生草本。株高1.6～2 m；地上茎可产生2～3次分蘖，形成蘖枝丛；秆直立，粗壮，基部有不定根，叶片扁平，长披针形，先端芒状渐尖，叶鞘长而肥厚，互相抱合形成"假茎"。花果期秋冬，圆锥花序大，颖果圆柱形。

🔥 喜温性植物，生长适宜温度为10～25℃，

不耐寒冷和高温干旱；根系发达，需水量多，适宜在水中生长。

🏵 花色鲜艳，花期恰逢春夏之交花开的淡季，是配置花坛、花境，点缀岩石园的好材料。

💀 环湖北路。

黄花水龙　　　　　　　黄花水龙的花

6. 黄花水龙

🏵 *Ludwigia peploides*

🔵 柳叶菜科（Onagraceae）丁香蓼属（*Ludwigia*）

🌱 多年生浮水或挺水型草本植物。具匍匐茎或浮生茎，整株蔓生或挺立生长，整株无毛，茎中空，节间簇生白色气囊（气生根）；叶互生，长椭圆形，叶托大；花开于枝顶，腋生，萼片5枚，呈三角形，花瓣5枚，金黄色，花期5—6月。

🔺 主要生长于河川流水域边或低洼湿地。

🏵 花虽小，连成一片却能形成独特的风景。

💀 主岛，环湖北路。

8. 黄菖蒲

🏵 *Iris pseudacorus*

🔵 鸢尾科（Iridaceae）鸢尾属（*Iris*）

🌱 多年生挺水草本，植株高大，根茎短粗。叶子茂密，基生，绿色，长剑形，中肋明显，并具横向网状脉。花茎稍高出于叶，垂瓣上部长椭圆形，基部近等宽，具褐色斑纹或无，旗瓣淡黄色。蒴果长形，内有种子多数，种子褐色，有棱角。花期5—6月。

🔺 喜湿润且排水良好、富含腐殖质的沙壤土或轻黏土，有一定的耐盐碱能力；喜光，也较耐阴，在半阴环境下也可正常生长；喜温凉气候，耐寒性强。

🏵 观花水生植物中的骄子，花色黄艳，花姿秀美，观赏价值极高。

💀 各景区均有分布。

茭白　　　　　　　　　茭白的叶

7. 空心莲子草

🏵 *Alternanthera philoxeroides*

🔵 苋科（Amaranthaceae）莲子草属（*Alternanthera*）

🌱 多年生草本。茎基部匍匐，上部上升；叶片矩圆形、矩圆状倒卵形或倒卵状披针形；花密生，成具总花梗的头状花序，单生在叶腋，球形，苞片卵形，小苞片披针形，花被片矩圆形，白色，光亮，无毛，顶端急尖，背部侧扁；子房倒卵形，具短柄。5—10月开花。

🔺 适应性强，繁殖和生长速度快。1930年传入中国，是危害性极大的入侵物种，被列为中国首批外来入侵物种。

🏵 观赏价值不高。

💀 主岛，环湖北路。

空心莲子草

黄菖蒲

9. 金鱼藻

金鱼藻

🌿 *Ceratophyllum demersum*

🔵 金鱼藻科 (Ceratophyllaceae) 金鱼藻属 (*Ccratophyllum*)

🌱 多年生沉水草本植物。茎细柔，有分枝。叶轮生，每轮6～8片叶，无柄，叶片二歧或细裂，裂片线状，具刺状小齿。花小，单性，雌雄同株或异株，无花被；子房长卵形，上位，1室；小坚果，卵圆形，光滑。花柱宿存，基部具刺。花期6—7月，果期8—10月。

金鱼藻的叶

🔔 无根，全株沉于水中，5%～10%的光强下生长迅速，但强烈光照会使金鱼藻死亡。金鱼藻对水温要求较宽，但对结冰较为敏感。金鱼藻是喜氮植物，水中无机氮含量高生长较好。

🌱 多生长于湖泊静水处，是一种体态优美的观赏水草，适合在大水面中栽培。

🏠 主岛。

10. 泽泻

🌿 *Alisma plantago-aquatica*

🔵 泽泻科 (Alismataceae) 泽泻属 (*Alisma*)

🌱 多年生水生或沼生草本。叶基生，沉水叶较小，卵形或椭圆形，浮水叶较大，卵圆形，先端钝圆，基部心形，叶柄长15～50cm；花两性，花梗长1.2～2cm，外轮花被片3枚，绿色，卵圆形，内轮花被片白色，匙形或近倒卵形。雄蕊6枚。花果期7—9月。

🔔 喜光，喜肥，喜湿，在阳光充足，土层深厚、肥沃、略带黏性，排灌方便的地带生长较快。

🌱 花较大，花期较长，可用于花卉观赏。

🏠 主岛。

11. 慈姑

🌿 *Sagittaria trifolia*

🔵 泽泻科 (Alismataceae) 慈姑属 (*Sagittaria*)

🌱 多年生沼生草本。叶箭头形，长25～40cm，宽10～20cm，叶柄长，着生在短缩茎上。短缩茎每长一节，抽生一叶；总状花序，雌雄异花，花白色；瘦果倒卵形，具翅。花果期5—10月。

🔔 适应性强，喜光，喜在水肥充足的沟渠及浅水中生长。越冬时温度应保持在0℃以上。

🌱 叶形奇特秀美。

🏠 主岛，哈尼岛，环湖北路。

泽泻

慈姑

慈姑的花

12. 泽苔草

🌸 *Caldesia parnassifolia*

🔵 泽泻科 （Alismataceae）泽苔草属 （*Caldesia*）

🌱 多年生挺水草本。根状茎细长，横走。叶条形或披针形，挺水叶宽披针形、椭圆形至卵形，花两性，花梗长 1～3.5 cm，外轮花被片广卵形，白色、粉红色或浅紫色；瘦果椭圆形。花果期 5—10 月。

🔔 喜光照充足，生长适宜温度为 16～30℃，越冬温度不宜低于 4℃。

🌼 长势强，成形很快，主要用于园林水景绿化及盆栽供观赏。

🏯 主岛，环湖北路。

泽苔草

泽苔草的花

13. 睡莲

🌸 *Nymphaea tetragona*

🔵 睡莲科（Nymphaeaceae）睡莲属（*Nymphaea*）

🌱 多年生浮叶草本。根状茎肥厚；浮水叶圆形或卵形，基部具弯缺，心形或箭形，常无出水叶；沉水叶薄膜质，脆弱；花大形、美丽，浮在或高出水面；萼片 4 枚，花瓣白色、蓝色、黄色或粉红色，浆果海绵质，不规则开裂，在水面下成熟。花期 5—8 月。

🔔 喜阳光，对土质要求不严，最适水深为 25～30 cm，最深不得超过 80 cm。

🌼 花朵硕大，浮在水面，有"水中皇后"的雅称。

🏯 主岛，醉花岛，蝴蝶岛，环湖北路。

睡莲

睡莲的花

14. 荷花

🌸 *Nelumbo nucifera*

🔵 睡莲科（Nymphaeaceae）莲属（*Nelumbo*）

🌱 多年生挺水草本。叶圆形，盾状，直径 25～90 cm，表面深绿色，被蜡质白粉覆盖，背面灰绿色，全缘稍呈波状。地下茎长而肥厚，有长节，叶盾圆形。花期 6—9 月，花朵单生于花梗顶端，花瓣多数，嵌生在花托穴内，花色有红、粉红、白、紫等。坚果椭圆形，种子卵形。

🔔 性喜相对稳定的平静浅水，对失水十分敏感；喜光，生育期需要全光照的环境。极不耐阴，在半阴处生长就会表现出强烈的趋光性。

🌼 不仅能在大小湖泊、池塘中吐红摇翠，甚至在很小的盆碗中亦能风姿绰约，装点人间。

🏯 主岛，哈尼岛，蝴蝶岛，环湖北路。

荷花的花

15. 鸭舌草

🐝 *Monochoria vaginalis*

🏵 雨久花科（Pontederiaceae）雨久花属（*Monochoria*）

🌱 一年生沼生草本。茎圆柱形，少数弯曲，表面暗灰黄色至灰绿色，中心有髓；叶卵形或长圆形，全缘；总状花序，花序在花期直立，果期下弯；花通常 3～5 朵（稀有 10 余朵），蓝色；蒴果卵形至长圆形。花期 8—9 月，果期 9—10 月。

🌡 根系较浅，需水肥多，生长的最适温度为 20～25℃。

🌸 叶片翠绿，花色淡雅。

🏯 主岛。

鸭舌草

鸭舌草的花

凤眼莲

凤眼莲的花

16. 凤眼莲

🐝 *Eichhornia crassipes*

🏵 雨久花科（Pontederiaceae）凤眼莲属（*Eichhornia*）

🌱 浮水草本。茎极短，匍匐枝淡绿色；叶在基部丛生，莲座状排列；叶片圆形，表面深绿色；穗状花序通常具 9～12 朵花；花瓣紫蓝色；蒴果卵形。花期 7—10 月，果期 8—11 月。

🌡 喜欢温暖湿润、阳光充足的环境，适应性很强。适宜水温为 18～23℃，超过 35℃ 也可生长，气温低于 10℃ 停止生长，具有一定的耐寒性。喜欢生于浅水中，在流速不大的水体中也能够生长，随水漂流，繁殖迅速。

🌸 花瓣中心生有一明显的鲜黄色斑点，形如凤眼，也像孔雀羽翎尾端的花点，非常靓丽。

🏯 主岛，醉花岛。

17. 梭鱼草

🐝 *Pontederia cordata*

🏵 雨久花科（Pontederiaceae）梭鱼草属（*Pontederia*）

🌱 多年生挺水或湿生草本植物。株高可达 150 cm。地茎叶丛生，圆筒形叶柄呈绿色；叶片较大，深绿色，表面光滑，叶形多变，但多为倒卵状披针形；花葶直立，通常高出叶面，穗状花序顶生，每条穗上密密地簇拥着几十至上百朵蓝紫色圆形小花，上方两花瓣各有两个黄绿色斑点，质地半透明。5—10 月开花结果。

🌡 喜温、喜阳、喜肥、喜湿，怕风，不耐寒，静水及水流缓慢的水域中均可生长；适宜温度为 15～30℃，越冬温度不宜低于 5℃。

🌸 叶色翠绿，花色迷人，花期较长，串串紫花在翠绿叶片的映衬下别有一番情趣。

🏯 主岛，环湖北路。

梭鱼草

18. 水芹

🐾 *Oenanthe javanica*

🌿 伞形科（Umbelliferae）水芹属（*Oenanthe*）

🌱 多年生湿生草本，茎基部匍匐；叶片轮廓三角形，1～3回羽状分裂，末回裂片卵形至菱状披针形，边缘有牙齿或圆齿状锯齿；复伞形花序顶生，有花 20 余朵，花瓣白色；果实近于四角状椭圆形或筒状长圆形。花期 6—7 月，果期 8—9 月。

🔔 性喜凉爽，忌炎热、干旱，25℃以下母茎开始萌芽生长，15～20℃生长最快，能耐－10℃低温。

🌼 以观叶、观花为主。

💀 主岛。

水芹

铜钱草

铜钱草

19. 铜钱草

🐾 *Hydrocotyle vulgaris*

🌿 伞形科（Umbelliferae）天胡荽属（*Hydrocotyle*）

🌱 多年生匍匐草本。叶片薄，圆肾形，表面深绿色，背面淡绿色，边缘有不规则的锐锯齿或钝齿；伞形花序单生于节上，腋生或与叶对生，花序梗通常长过叶柄；小伞形花序有花 25～50 朵，花柄长 2～7 mm；花在蕾期草绿色，开放后白色；果实近圆形，表面平滑或皱褶，黄色或紫红色。花果期 5—11 月。

🔔 喜温暖、潮湿，最适水温为 22～28℃，耐阴、耐湿，稍耐旱，适应性强，繁殖迅速，水陆两栖皆可。

🌼 以观叶为主，常成片种植在大面积水域中。

💀 主岛。

花蔺

花蔺的花

20. 花蔺

🐾 *Butomus umbellatus*

🌿 花蔺科（Butomaceae）花蔺属（*Butomus*）

🌱 多年生挺水草本。根茎粗壮横生，叶基部丛生，叶片长条形、线形、三棱状，基部成鞘状。伞形花序顶生，外轮花被 3，带紫色，宿存；内轮花被 3，淡红色。蓇葖果。花期 7—9 月，果期 9—10 月。

🔔 生长于湖泊、沼泽、湿地中；喜温暖、湿润，在通风良好的环境中生长最佳。

🌼 花叶美观，可供观赏。

💀 主岛。

水烛

21. 水烛

🏵 *Typha angustifolia*

🌿 香蒲科（Typhaceae）香蒲属 （*Typha*）

🌱 多年生水生或沼生草本。植株高大，地上茎直立，粗壮，叶片较长，雌花序粗大。雌雄花序相距 2.5～6.9 cm；雄花序轴具褐色扁柔毛，单出或分叉；叶状苞片 1～3 枚，花后脱落；雌花序长 15～30 cm，基部具 1 枚叶状苞片，通常比叶片宽，花后脱落；叶鞘抱茎。小坚果长椭圆形，种子深褐色。花果期 6—9 月。

🔔 常生长于河湖岸边浅水处，水深可达 1 米或更深，沼泽、沟渠亦常见，当水体干枯时可生于湿地及地表龟裂环境中。

🍀 叶片秀丽，果实独特，是我国传统的水景花卉。

🏘 主岛。

水葱远景

22. 香蒲

🏵 *Typha orientalis*

🌿 香蒲科（Typhaceae）香蒲属（*Typha*）

🌱 多年生水生或沼生草本。叶片条形，光滑无毛，上部扁平，下部腹面微凹，背面逐渐隆起呈凸形，叶鞘抱茎，雌雄花序紧密连接；小坚果椭圆形至长椭圆形，果皮具长形褐色斑点。种子褐色，微弯。花果期 5—8 月。

香蒲

🔔 喜高温、多湿的气候，生长适宜温度为 15～30℃，当气温下降到 10℃以下时，生长基本停止，越冬期间能耐-9℃左右低温。其最适水深为 20～60 cm，亦能耐 70～80 cm 的深水。

🍀 叶绿穗奇，常用于点缀园林水池、湖畔，构筑水景。

🏘 各景区均有分布。

23. 水葱

🏵 *Scirpus tabernaemontani*

🌿 莎草科（Cyperaceae）藨草属（*Scirpus*）

🌱 多年生挺水草本。秆高大，圆柱状，平滑，基部具 3～4 个叶鞘，最上面 1 个叶鞘具叶片；叶片线形，苞片 1 枚，为秆的延长，直立；小穗单生或 2～3 个簇生于辐射枝顶端，卵形或长圆形，顶端急尖或钝圆，小坚果倒卵形或椭圆形，双凸状，少有三棱形。花果期 6—9 月。

🔔 喜欢生长在温暖、潮湿的环境中，需阳光。适应性强，耐寒，耐阴，也耐盐碱。在北方大部分地区地下根状茎在水下可自然越冬。

🍀 茎秆高大通直，在水景园中主要用作后景材料。

🏘 主岛，哈尼岛，蝴蝶岛，环湖北路。

24 水莎草

🐝 *Juncellus serotinus*

⬤ 莎草科（Cyperaceae）水莎草属（*Juncellus*）

🌱 多年生草本。茎粗壮，扁三棱形，平滑；叶片少，短于秆或有时长于茎秆，宽 3～10 mm，平滑，基部折合，上面平张，背面中肋呈龙骨状突起。每一辐射枝上具 1～3 个穗状花序，每一穗状花序具 5～17 个小穗。花果期 7—10 月。

🔺 多生长于浅水中，繁殖力强。

❀ 花序为简单的长侧枝聚伞花序，以观叶、观花为主。

🏛 主岛。

水莎草

水莎草近照

旱伞草

25. 旱伞草

🐝 *Cyperus alternifolius*

⬤ 莎草科（Cyperaceae）莎草属（*Cyperus*）

🌱 多年生挺水草本。茎秆粗壮，直立生长，茎近圆柱形，丛生。叶状苞片呈螺旋状排列在茎秆的顶端，向四面辐射开展，扩散呈伞状；聚伞花序，花两性，花药顶端有刚毛状附属物，花柱 3 枚；果实为小坚果，椭圆形近三棱形，9—10 月成熟。

🔺 性喜温暖、阴湿及通风良好的环境，适应性强。对土壤要求不严格，以保水强的肥沃的土壤最适宜。生长适宜温度为 15～25 ℃，不耐寒冷。

❀ 姿态潇洒飘逸，不乏绿竹之风韵。

🏛 主岛，环湖北路。

再力花　　　　　　　　　　　　　　　再力花的花

26. 再力花

🔖 *Thalia dealbata*

🔵 竹芋科（Marantaceae）再力花属（*Thalia*）

🌱 多年生挺水草本。叶基生，4～6片，叶片卵状披针形至长椭圆形，硬纸质，浅灰绿色，边缘紫色，全缘。复穗状花序，小花紫红色，紧密着生于花轴 花柄高可达2 m，细长的花茎高可达3 m，茎端开出紫色花朵，像系在钓竿上的鱼饵，形状非常特殊。蒴果近圆球形或倒卵状球形。

🌡 适生于缓流和静水水域，水可没基部，均生长良好。喜温暖水湿、阳光充足的环境，不耐寒冷和干旱，耐半阴，最适生长温度为20～30℃，0℃以下地上部分逐渐枯死。

🔆 一年有三分之二以上的时间翠绿而充满生机，花期长，花和花茎形态优雅飘逸。

🏯 各景区均有分布。

美人蕉的花

27. 美人蕉

🔖 *Canna indica*

🔵 美人蕉科(Cannaceae)美人蕉属(*Canna*)

🌱 多年生湿生或陆生草本。全株绿色无毛，高可达1.5 m。具块状根茎。地上枝丛生。单叶互生；总状花序，花单生或对生；萼片3枚，绿白色，先端带红色；花冠有红色、黄色和双色，外轮退化雄蕊2～3枚；唇瓣披针形，弯曲；蒴果，长卵形，绿色。花果期3—12月。

🌡 喜温暖、湿润的气候，不耐霜冻，生长适宜温度为25～30℃，适应性强，以湿润、肥沃的疏松沙壤土为好，稍耐水湿。

🔆 花大色艳，色彩丰富，株形好，观赏价值高。

🏯 各景区均有分布。

美人蕉

28. 狐尾藻

🐾 *Myriophyllum verticillatum*

🜊 小二仙草科（Haloragidaceae）狐尾藻属（*Myriophyllum*）

🌱 多年生沉水草本植物。根状茎发达，在水底泥中蔓延，节部生根；茎圆柱形，多分枝。水上叶互生，披针形，较强壮，鲜绿色，裂片较宽。秋季于叶腋中生出棍棒状冬芽而越冬；花单性，无柄，比叶片短。雌花生于水上茎下部叶腋中，淡黄色，花丝丝状，开花后伸出花冠外。果实广卵形，具4条浅槽，顶端具残存的萼片及花柱。

🌲 喜温暖水湿、阳光充足的气候环境，不耐寒，入冬后地上部分逐渐枯死。以根茎在泥中越冬。

🌿 夏季生长旺盛，作为沉水景观观赏效果好。

💀 主岛，哈尼岛。

狐尾藻

29. 黑藻

🐾 *Hydrilla verticillata*

🜊 水鳖科（Hydrocharitaceae）黑藻属（*Hydrilla*）

🌱 多年生沉水植物。茎直立细长，有分枝，圆柱形，表面具纵向细棱纹，质较脆；叶4～8枚轮生，线形或长条形，常具紫红色或黑色小斑点，先端锐尖，边缘锯齿明显，无柄，具腋生小鳞片；主脉1条，明显。花单性，雌雄异株。

🌲 喜阳光充足的环境，环境荫蔽则植株生长受阻，新叶叶色变淡，老叶逐渐死亡。性喜温暖，耐寒，在15～30℃生长良好，越冬不低于4℃。

🌿 作为沉水景观观赏效果好。

💀 主岛。

黑藻

伊乐藻

30. 伊乐藻

🐾 *Elodea nuttallii*

🜊 水鳖科（Hydrocharitaceae）伊乐藻属（*Elodea*）

🌱 多年生沉水植物。茎干伸长，分枝有序但间隔很长，地下茎横走，匍匐状，水中茎直立，伸展。叶茎生，3枚轮生，鳞片状，无柄，线形至倒卵形，叶缘具齿，细尖或钝尖。叶鞘全缘，透明。雌雄异株，雄花小，浮在水面，雌花单生。

🌲 适应力极强，只要气温在5℃以上即可生长，在寒冷的冬季能以营养体越冬，当苦草、轮叶黑藻尚未发芽时，该草已大量生长。

🌿 有助于营造良好的水质环境和优美的水面景观。

💀 主岛。

31. 苦草

⚘ *Vallisneria natans*

◯ 水鳖科（Hydrocharitaceae）苦草属（*Vallisneria*）

⚘ 多年生沉水草本。具匍匐茎，茎约 2 mm，白色，光滑或稍粗糙，先端芽浅黄色；叶基生，线形或带形，绿色或略带紫红色，常具棕色条纹和斑点，先端圆钝，边缘全缘或具不明显的细锯齿，无叶柄，叶脉 5～9 条，萼片 3 枚，大小不等，呈舟形浮于水上，中间 1 枚较小，中肋部龙骨状，向上伸似帆。

🌲 喜阳，种植时要保持水质清澈，增强水中的光照。

🌼 叶长、翠绿、丛生，是良好的水体绿化布置材料。

☠ 主岛。

苦草

32. 浮萍

⚘ *Lemna minor*

◯ 浮萍科（Lemnaceae）浮萍属（*Lemna*）

⚘ 一年或多年生浮水草本。叶近圆形，倒卵形或倒卵状椭圆形，全缘，表面绿色，背面浅黄色、绿白色或紫色；背面垂生丝状根 1 条，根白色，长 3～4 cm，根冠钝头，根鞘无翅。叶状体背面一侧具囊，新叶状体于囊内形成浮出，以极短的细柄与母体相连，随后脱落。雌花具弯生胚珠 1 枚，果实无翅，近陀螺状。

🌲 喜温暖的气候和潮湿环境，忌严寒。

🌼 生于静水水域，常与紫萍混生，形成密布水面的飘浮群落。

☠ 主岛。

33. 荇菜

⚘ *Nymphoides peltatum*

◯ 龙胆科（Gentianaceae）荇菜属（*Nymphoides*）

⚘ 多年生浮水草本。枝条有两种类型，长枝匍匐于水底，如横走茎；叶卵形；花大而明显，直径约 2.5 cm，花冠黄色，五裂；果实和种子也是荇菜属中较特别的一个种类，子房基部具 5 个蜜腺，柱头 2 裂，片状。蒴果椭圆形，不开裂。种子多数，圆形，扁平。

🌲 生于池沼、湖泊、河流或河口的平稳水域。荇菜一般于 3～5 月返青，5—10 月开花并结果，9—10 月果实成熟，植株边开花边结果，至降霜，水上部分即枯死。

🌼 叶片形似睡莲，小巧别致，鲜黄色花朵挺出水面，花多且花期长，是点缀水景的佳品。

☠ 主岛，环湖北路。

浮萍

荇菜

荇菜的花

田字萍

眼子菜

35. 眼子菜

🌸 *Potamogeton distinctus*

🔘 眼子菜科 （Potamogetonaceae） 眼子菜属 （*Potamogeton*）

🌱 多年生沉水草本。根茎发达，白色，直径 1.5～2 mm，多分枝，常于顶端形成纺锤状休眠芽体，并在节处生有稍密的须根。茎圆柱形，通常不分枝。浮水叶革质，披针形、宽披针形至卵状披针形；穗状花序顶生，具花多轮，开花时伸出水面，花后沉没水中；花果期 5—10 月。

🌀 生于地势低洼，长期积水、土壤黏重及池沼、河流浅水处。

🌿 净化效果较好，生于静水河湖中，有助于营造良好的水质环境和优美的水面景观。

💀 主岛。

34. 田字萍

🌸 *Marsilea quadrifolia*

🔘 萍科 （Marsileaceae） 萍属 （*Marsilea*）

🌱 一年或多年生浮水草本。根状茎匍匐细长，横走，分枝，顶端有淡棕色毛，茎节远离，向上出 1 片叶或数片。叶柄长 20～30 cm，叶由 4 片倒三角形的小叶组成，呈"十"字形，外缘半圆形，两侧截形，叶脉扇形分叉，网状。

🌀 喜生于湖泊、池塘或沼泽地中。幼年期沉水，成熟时浮水、挺水或陆生，在孢子果发育阶段需要挺水。

🌿 整体形态美观，可在水景园林浅水、沼泽地中成片种植。

💀 主岛。

36. 菹草

🌸 *Potamogeton crispus*

🔘 眼子菜科 （Potamogetonaceae） 眼子菜属 （*Potamogeton*）

🌱 多年生沉水草本植物。茎扁圆形，具有分枝。叶披针形，先端钝圆，叶缘波状并具锯齿；花序穗状。秋季发芽，冬春生长，4—5 月开花结果，夏季 6 月后逐渐衰退腐烂，同时形成鳞枝（冬芽）以度过不适的环境。冬芽坚硬，边缘具有齿，形如松果，在水温适宜时开始萌发生长。

🌀 生于池塘、湖泊、溪流中，静水池塘或沟渠中较多，水体多呈微酸至中性。

🌿 净化效果较好，有助于营造良好的水质环境和优美的水面景观。

💀 主岛。

菹草

菹草

附表一　潘安湖湿地公园植物名录

序号	科	属	种	拉丁学名
1	银杏科	银杏属	银杏	*Ginkgo biloba*
2	松科	雪松属	雪松	*Cedrus deodara*
3	松科	松属	黑松	*Pinus thunbergii*
4	松科	松属	油松	*Pinus tabuliformis*
5	松科	松属	五针松	*Pinus parviflora*
6	松科	松属	马尾松	*Pinus massoniana*
7	松科	松属	湿地松	*Pinus elliottii*
8	松科	云杉属	红皮云杉	*Picea koraiensis*
9	杉科	柳杉属	柳杉	*Cryptomeria fortunei*
10	杉科	落羽杉属	落羽杉	*Taxodium distichum*
11	杉科	落羽杉属	池杉	*Taxodium distichum* var. *imbricatum*
12	杉科	落羽杉属	中山杉	*Taxodium distichum* cv. *zhongshanshan*
13	杉科	水杉属	水杉	*Metasequoia glyptostroboides*
14	柏科	侧柏属	侧柏	*Platycladus orientalis*
15	柏科	圆柏属	铺地柏	*Sabina procumbens*
16	柏科	圆柏属	龙柏	*Sabina chinensis* cv. *kaizuca*
17	罗汉松科	罗汉松属	罗汉松	*Podocarpus macrophyllus*
18	杨柳科	杨属	毛白杨	*Populus tomentosa*
19	杨柳科	柳属	旱柳	*Salix matsudana*
20	杨柳科	柳属	龙爪柳	*Salix matsudana* var. *matsudana* f. *tortuosa*
21	杨柳科	柳属	垂柳	*Salix babylonica*
22	杨柳科	柳属	大叶柳	*Salix magnifica* var. *magnifica*
23	杨柳科	柳属	彩叶杞柳	*Salix integra* 'Hakuro Nishiki'
24	胡桃科	胡桃属	核桃	*Juglans regia*

（续表）

序号	科	属	种	拉丁学名
25	胡桃科	枫杨属	枫杨	*Pterocarya stenoptera*
26	桦木科	桦木属	白桦	*Betula platyphylla*
27	壳斗科	栎属	柳叶栎	*Quercus phellos*
28	壳斗科	栎属	沼生栎	*Quercus palustris*
29	壳斗科	栎属	娜塔栎	*Quercus nuttallii*
30	榆科	榆属	榔榆	*Ulmus parvifolia*
31	榆科	榆属	春榆	*Ulmus davidiana* Planch var. *japonica*
32	榆科	榆属	金叶榆	*Ulmus pumila* 'jinye'
33	榆科	榉属	榉树	*Zelkova serrata*
34	榆科	朴属	朴树	*Celtis sinensis*
35	榆科	朴属	小叶朴	*Celtis bungeana*
36	榆科	朴属	珊瑚朴	*Celtis julianae*
37	榆科	糙叶树属	沙朴	*Aphananthe aspera*
38	桑科	桑属	桑树	*Morus alba*
39	桑科	构属	构树	*Broussonetia papyrifera*
40	桑科	葎草属	葎草	*Humulus scandens*
41	小檗科	小檗属	紫叶小檗	*Berberis thunbergii* var. *atropurpurea*
42	小檗科	十大功劳属	狭叶十大功劳	*Mahonia fortunei*
43	小檗科	十大功劳属	阔叶十大功劳	*Mahonia bealei*
44	小檗科	南天竹属	南天竹	*Nandina domestica*
45	木兰科	木兰属	玉兰	*Magnolia denudata*
46	木兰科	木兰属	广玉兰	*Magnolia grandiflora*
47	木兰科	木兰属	望春玉兰	*Magnolia biondii*
48	木兰科	木兰属	紫玉兰	*Magnolia liliflora*
49	木兰科	木兰属	二乔玉兰	*Magnolia soulangeana*
50	木兰科	鹅掌楸属	鹅掌楸	*Liriodendron chinense*
51	木兰科	鹅掌楸属	杂交鹅掌楸	*Liriodendron chinense* × *tulipifera*

（续表）

序号	科	属	种	拉丁学名
52	蜡梅科	蜡梅属	蜡梅	*Chimonanthus praecox*
53	樟科	樟属	香樟	*Cinnamomum camphora*
54	海桐科	海桐花属	海桐	*Pittosporum tobira*
55	金缕梅科	枫香树属	枫香	*Liquidambar formosana*
56	金缕梅科	枫香树属	北美枫香	*Liquidambar styraciflua*
57	金缕梅科	檵木属	红花檵木	*Loropetalum chinense* var. *rubrum*
58	杜仲科	杜仲属	杜仲	*Eucommia ulmoides*
59	悬铃木科	悬铃木属	三球悬铃木	*Platanus orientalis*
60	蔷薇科	绣线菊属	珍珠绣线菊	*Spiraea thunbergii*
61	蔷薇科	绣线菊属	麻叶绣线菊	*Spiraea cantoniensis*
62	蔷薇科	绣线菊属	粉花绣线菊	*Spiraea japonica*
63	蔷薇科	绣线菊属	金焰绣线菊	*Spiraea × bumalda* cv. Gold Flame
64	蔷薇科	风箱果属	紫叶风箱果	*Physocarpus opulifolius* ‘Summer Wine’
65	蔷薇科	珍珠梅属	珍珠梅	*Sorbaria sorbifolia*
66	蔷薇科	火棘属	火棘	*Pyracantha fortuneana*
67	蔷薇科	火棘属	小丑火棘	*Pyracantha fortuneana* ‘Harlequin’
68	蔷薇科	山楂属	山楂	*Crataegus pinnatifida*
69	蔷薇科	枇杷属	枇杷	*Eriobotrya japonica*
70	蔷薇科	石楠属	石楠	*Photinia serrulata*
71	蔷薇科	石楠属	红叶石楠	*Photinia × fraseri*
72	蔷薇科	石楠属	椤木石楠	*Photinia davidsoniae*
73	蔷薇科	木瓜属	木瓜	*Chaenomeles sinensis*
74	蔷薇科	木瓜属	沂州海棠	*Chaenomeles* ‘yizhou’
75	蔷薇科	木瓜属	贴梗海棠	*Chaenomeles speciosa*
76	蔷薇科	苹果属	海棠花	*Malus spectabilis*
77	蔷薇科	苹果属	西府海棠	*Malus micromalus*
78	蔷薇科	苹果属	垂丝海棠	*Malus halliana*

(续表)

序号	科	属	种	拉丁学名
79	蔷薇科	梨属	梨树	*Pyrus sorotina*
80	蔷薇科	梨属	杜梨	*Pyrus betulaefolia*
81	蔷薇科	蔷薇属	野蔷薇	*Rosa multiflora*
82	蔷薇科	蔷薇属	十姊妹	*Rosa multiflora* Thunb .var. *carnea* Thory
83	蔷薇科	蔷薇属	月季花	*Rosa chinensis*
84	蔷薇科	蔷薇属	大花香水月季	*Rosa odorata*
85	蔷薇科	蔷薇属	丰花月季	*Rosa hybrida*
86	蔷薇科	蔷薇属	木香花	*Rosa banksiae*
87	蔷薇科	蔷薇属	黄刺玫	*Rosa xanthina*
88	蔷薇科	棣棠花属	棣棠花	*Kerria japonica*
89	蔷薇科	李属	紫叶李	*Prunus cerasifera* f. *atropurpurea*
90	蔷薇科	梅属	杏树	*Armeniaca vulgaris*
91	蔷薇科	桃属	桃树	*Amygdalus persica*
92	蔷薇科	桃属	碧桃	*Amygdalus persica* var. *persica* f. *duplex*
93	蔷薇科	桃属	紫叶碧桃	*Amygdalus persica* var. *persica* f. *atropurpurea*
94	蔷薇科	梅属	梅花	*Armeniaca mume*
95	蔷薇科	梅属	杏梅	*Armeniaca mume* var. *bungo*
96	蔷薇科	梅属	美人梅	*Armeniaca mume* cv. Meiren
97	蔷薇科	桃属	榆叶梅	*Amygdalus triloba*
98	蔷薇科	樱属	樱花	*Cerasus serrulata*
99	蔷薇科	樱属	日本晚樱	*Cerasus serrulata* var. *lannesiana*
100	蔷薇科	樱属	郁李	*Cerasus japonica*
101	蔷薇科	蛇莓属	蛇莓	*Duchesnea indica*
102	豆科	合欢属	合欢	*Albizia julibrissin*
103	豆科	紫荆属	紫荆	*Cercis chinensis*
104	豆科	皂荚属	皂荚	*Gleditsia sinensis*
105	豆科	决明属	伞房决明	*Senna corymbosa*

序号	科	属	种	拉丁学名
106	豆科	紫藤属	紫藤	*Wisteria sinensis*
107	豆科	刺槐属	刺槐	*Robinia pseudoacacia*
108	豆科	紫穗槐属	紫穗槐	*Amorpha fruticosa*
109	豆科	胡枝子属	中华胡枝子	*Lespedeza chinensis*
110	豆科	槐属	国槐	*Sophora japonica*
111	豆科	槐属	龙爪槐	*Sophora japonica* var. pendula
112	豆科	槐属	黄金槐	*Sophora japonica* 'Winter Gold'
113	豆科	锦鸡儿属	锦鸡儿	*Caragana sinica*
114	豆科	香豌豆属	香豌豆	*Lathyrus odoratus*
115	豆科	车轴草属	白车轴草	*Trifolium repens*
116	楝科	楝属	苦楝	*Melia azedarach*
117	楝科	香椿属	香椿	*Toona sinensis*
118	大戟科	重阳木属	重阳木	*Bischofia polycarpa*
119	大戟科	乌桕属	乌桕	*Sapium sebiferum*
120	黄杨科	黄杨属	小叶黄杨	*Buxus sinica* var. parvifolia
121	黄杨科	黄杨属	金边黄杨	*Buxus megistophylla*
122	黄杨科	黄杨属	雀舌黄杨	*Buxus bodinieri*
123	黄杨科	黄杨属	大叶黄杨	*Buxus megistophylla*
124	漆树科	黄连木属	黄连木	*Pistacia chinensis*
125	漆树科	黄栌属	美国红栌	*Cotinus coggygria* 'Royal Purple'
126	冬青科	冬青属	枸骨	*Ilex cornuta*
127	冬青科	冬青属	无刺枸骨	*Ilex Corunta* var. fortunei
128	冬青科	冬青属	冬青	*Ilex chinensis*
129	冬青科	冬青属	龟甲冬青	*Ilex crenata* var. convexa
130	卫矛科	卫矛属	扶芳藤	*Euonymus fortunei*
131	卫矛科	卫矛属	卫矛	*Euonymus alatus*
132	卫矛科	卫矛属	丝棉木	*Euonymus maackii*

（续表）

序号	科	属	种	拉丁学名
133	槭树科	槭属	色木槭	*Acer mono*
134	槭树科	槭属	三角槭	*Acer buergerianum*
135	槭树科	槭属	鸡爪槭	*Acer palmatum*
136	槭树科	槭属	红枫	*Acer palmatum* var. atropurpureum
137	槭树科	槭属	羽毛枫	*Acer palmatum* cv. Dissectum
138	槭树科	槭属	樟叶槭	*Acer cinnamomifolium*
139	七叶树科	七叶树属	七叶树	*Aesculus chinensis*
140	无患子科	栾树属	栾树	*Koelreuteria paniculata*
141	无患子科	栾树属	全缘叶栾树	*Koelreuteria bipinnata* var. integrifoliola
142	无患子科	文冠果属	文冠果	*Xanthoceras sorbifolium*
143	无患子科	无患子属	无患子	*Sapindus mukorossi*
144	鼠李科	枳椇属	枳椇	*Hovenia acerba*
145	鼠李科	枣属	枣树	*Ziziphus jujuba*
146	锦葵科	木槿属	木槿	*Hibiscus syriacus*
147	锦葵科	木槿属	木芙蓉	*Hibiscus mutabilis*
148	锦葵科	木槿属	芙蓉葵	*Hibiscus moscheutos*
149	锦葵科	秋葵属	秋葵	*Abelmoschus esculentus*
150	锦葵科	锦葵属	锦葵	*Malva sinensis*
151	锦葵科	蜀葵属	蜀葵	*Althaea rosea*
152	梧桐科	梧桐属	梧桐	*Firmiana platanifolia*
153	山茶科	山茶属	山茶	*Camellia japonica*
154	藤黄科	金丝桃属	金丝桃	*Hypericum monogynum*
155	柽柳科	柽柳属	柽柳	*Tamarix chinensis*
156	瑞香科	结香属	结香	*Edgeworthia chrysantha*
157	胡颓子科	胡颓子属	胡颓子	*Elaeagnus pungens*
158	胡颓子科	胡颓子属	金边胡颓子	*Elaeagnus pungens* var. varlegata
159	千屈菜科	紫薇属	紫薇	*Lagerstroemia indica*

（续表）

序号	科	属	种	拉丁学名
160	千屈菜科	千屈菜属	千屈菜	*Lythrum salicaria*
161	石榴科	石榴属	石榴	*Punica granatum*
162	珙桐科	紫树属	水紫树	*Nyssa aquatica*
163	桃金娘科	香桃木属	香桃木	*Myrtus communis*
164	五加科	常春藤属	常春藤	*Hedera helix*
165	五加科	常春藤属	金边常春藤	*Hedera helix* cv. *Aureomarginata*
166	五加科	八角金盘属	八角金盘	*Fatsia japonica*
167	山茱萸科	灯台树属	灯台树	*Bothrocaryum controversum*
168	山茱萸科	梾木属	红瑞木	*Swida alba*
169	山茱萸科	梾木属	毛梾	*Swida walteri*
170	山茱萸科	桃叶珊瑚属	洒金珊瑚	*Aucuba japonica* var. *variegata*
171	杜鹃花科	杜鹃花属	毛杜鹃	*Rhododendron pulchrum*
172	柿科	柿属	柿	*Diospyros kaki*
173	安息香科	秤锤树属	秤锤树	*Sinojackia xylocarpa*
174	木樨科	白蜡树属	白蜡	*Fraxinus chinensis*
175	木樨科	白蜡树属	欧洲白蜡	*Fraxinus excelsior*
176	木樨科	白蜡树属	美国白蜡	*Fraxinus americana*
177	木樨科	连翘属	金钟	*Forsythia viridissima*
178	木樨科	流苏树属	流苏树	*Chionanthus retusus*
179	木樨科	女贞属	女贞	*Ligustrum lucidum*
180	木樨科	女贞属	小蜡	*Ligustrum sinense*
181	木樨科	女贞属	小叶女贞	*Ligustrum quihoui*
182	木樨科	女贞属	银霜女贞	*Ligustrum japonicum* 'Jack Frost'
183	木樨科	女贞属	银姬小蜡	*Ligustrum sinense* 'Variegatum'
184	木樨科	女贞属	金森女贞	*Ligustrum japonicum* 'Howardii'
185	木樨科	木樨属	桂花	*Osmanthus fragrans*
186	木樨科	木樨属	金桂	*Osmanthus fragrans* var. *thunbergii*

（续表）

序号	科	属	种	拉丁学名
187	木樨科	丁香属	紫丁香	*Syringa oblata*
188	木樨科	雪柳属	雪柳	*Fontanesia fortunei*
189	木樨科	茉莉属	迎春花	*Jasminum nudiflorum*
190	木樨科	茉莉属	探春花	*Jasminum floridum*
191	木樨科	茉莉属	黄馨	*Jasminum mesnyi*
192	木樨科	连翘属	连翘	*Forsythia suspensa*
193	马钱科	醉鱼草属	大叶醉鱼草	*Buddleja davidii*
194	夹竹桃科	夹竹桃属	夹竹桃	*Nerium indicum*
195	夹竹桃科	蔓长春花属	蔓长春花	*Vinca major*
196	马鞭草科	大春属	海州常山	*Clerodendrum trichotomum*
197	马鞭草科	牡荆属	单叶蔓荆	*Vitex trifolia* var. *simplicifolia*
198	马鞭草科	马鞭草属	柳叶马鞭草	*Verbena bonariensis*
199	马鞭草科	马鞭草属	美女樱	*Verbena hybrida*
200	茄科	枸杞属	枸杞	*Lycium chinense*
201	茄科	碧冬茄属	矮牵牛	*Petunia hybrida*
202	玄参科	泡桐属	毛泡桐	*Paulownia tomentosa*
203	紫葳科	梓树属	楸树	*Catalpa bungei*
204	紫葳科	梓树属	黄金树	*Catalpa speciosa*
205	紫葳科	凌霄属	凌霄	*Campsis grandiflora*
206	茜草科	栀子属	大叶栀子	*Gardenia jasminoides* var. *grandiflora*
207	茜草科	六月雪属	六月雪	*Serissa japonica*
208	茜草科	水团花属	水杨梅	*Adina rubella*
209	忍冬科	锦带花属	红王子锦带花	*Weigela florida* 'Red Prince'
210	忍冬科	锦带花属	花叶锦带花	*Weigela florida* 'Variegata'
211	忍冬科	锦带花属	锦带花	*Weigela florida*
212	忍冬科	六道木属	六道木	*Abelia biflora*
213	忍冬科	忍冬属	金银木	*Lonicera maackii*

（续表）

序号	科	属	种	拉丁学名
214	忍冬科	忍冬属	金银花	*Lonicera japonica*
215	忍冬科	忍冬属	郁香忍冬	*Lonicera fragrantissima*
216	忍冬科	忍冬属	蓝叶忍冬	*Lonicera korolkowii*
217	忍冬科	忍冬属	下江忍冬	*Lonicera modesta*
218	忍冬科	忍冬属	匍枝亮绿忍冬	*Lonicera nitida* 'Maigrun'
219	忍冬科	接骨木属	接骨木	*Sambucus williamsii*
220	忍冬科	荚蒾属	珊瑚树	*Viburnum odoratissimum*
221	忍冬科	荚蒾属	琼花	*Viburnum macrocephalum*
222	禾本科	刚竹属	刚竹	*Phyllostachys sulphurea*
223	禾本科	刚竹属	毛竹	*Phyllostachys heterocycla*
224	禾本科	刚竹属	淡竹	*Phyllostachys glauca*
225	禾本科	刚竹属	金镶玉竹	*Phyllostachys aureosulcata* f. *spectabilis*
226	禾本科	刚竹属	黄古竹	*Phyllostachys angusta*
227	禾本科	刚竹属	龟甲竹	*Phyllostachys heterocycla*
228	禾本科	簕竹属	慈孝竹	*Bambusa multiplex*
229	禾本科	簕竹属	凤尾竹	*Bambusa multiplex* cv. *Fernleaf*
230	禾本科	箬竹属	箬竹	*Indocalamus tessellatus*
231	禾本科	蒲苇属	蒲苇	*Cortaderia selloana*
232	禾本科	蒲苇属	矮蒲苇	*Cortaderia selloana* 'Pumila'
233	禾本科	芒属	芒	*Miscanthus sinensis*
234	禾本科	芒属	斑叶芒	*Miscanthus sinensis* 'Zebrinus'
235	禾本科	芒属	细叶芒	*Miscanthus sinensis* cv.
236	禾本科	狼尾草属	狼尾草	*Pennisetum alopecuroides*
237	禾本科	狼尾草属	紫穗狼尾草	*Pennisetum setaceum* 'Rubrum'
238	禾本科	狼尾草属	小兔子狼尾草	*Pennisetum alopecuroides* 'Little Bunny'
239	禾本科	画眉草属	知风草	*Eragrostis ferruginea*
240	禾本科	求米草属	求米草	*Oplismenus undulatifolius*

(续表)

序号	科	属	种	拉丁学名
241	禾本科	芦苇属	芦苇	*Phragmites australis*
242	禾本科	芦竹属	芦竹	*Arundo donax*
243	禾本科	芦竹属	花叶芦竹	*Arundo donax* var. *versicolor*
244	禾本科	荻属	荻	*Triarrhena sacchariflora*
245	禾本科	菰属	茭白	*Zizania latifolia*
246	禾本科	狗牙根属	狗牙根	*Cynodon dactylon*
247	禾本科	羊茅属	高羊茅	*Festuca elata*
248	禾本科	茅根属	白茅草	*Imperata cylindrica* var. *major*
249	禾本科	藨草属	玉带草	*Phalaris arundinacea* var. *picta*
250	禾本科	黑麦草属	黑麦草	*Lolium perenne*
251	棕榈科	棕榈属	棕榈	*Trachycarpus fortunei*
252	百合科	玉簪属	玉簪	*Hosta plantaginea*
253	百合科	玉簪属	花叶玉簪	*Hosta undulata* Bailey
254	百合科	萱草属	萱草	*Hemerocallis fulva*
255	百合科	萱草属	大花萱草	*Hemerocallis middendorfii*
256	百合科	火把莲属	火炬花	*Kniphofia uvaria*
257	百合科	沿阶草属	沿阶草	*Ophiopogon bodinieri*
258	百合科	沿阶草属	麦冬	*Ophiopogon japonicus*
259	百合科	山麦冬属	金边麦冬	*Liriope spicata* var. *variegata*
260	百合科	山麦冬属	阔叶麦冬	*Liriope platyphylla*
261	百合科	山麦冬属	兰花三七	*Liriope cymbidiomorpha*
262	百合科	吉祥草属	吉祥草	*Reineckia carnea*
263	百合科	黄精属	玉竹	*Polygonatum odoratum*
264	大风子科	柞木属	柞木	*Xylosma racemosum*
265	省沽油科	瘿椒树属	瘿椒树	*Tapiscia sinensis*
266	唇形科	石蚕属	水果兰	*Teucrium fruitcans*
267	唇形科	迷迭香属	迷迭香	*Rosmarinus officinalis*

序号	科	属	种	拉丁学名
268	唇形科	鼠尾草属	天蓝鼠尾草	*Salvia officinalis*
269	唇形科	鼠尾草属	一串红	*Salvia splendens*
270	唇形科	筋骨草属	多花筋骨草	*Ajuga multiflora*
271	紫茉莉科	叶子花属	光叶子花	*Bougainvillea glabra*
272	车前科	车前属	平车前	*Plantago depressa*
273	凤仙花科	凤仙花属	凤仙花	*Impatiens balsamina*
274	花荵科	天蓝绣球属	针叶天蓝绣球	*Phlox subulata*
275	景天科	景天属	费菜	*Sedum aizoon*
276	景天科	八宝属	八宝景天	*Hylotelephium erythrostictum*
277	桔梗科	桔梗属	桔梗	*Platycodon grandiflorus*
278	桔梗科	风铃草属	风铃草	*Campanula medium*
279	菊科	蒿属	艾草	*Artemisia argyi*
280	菊科	秋英属	波斯菊	*Cosmos bipinnata*
281	菊科	滨菊属	大滨菊	*Leucanthemum maximum*
282	菊科	紫菀属	荷兰菊	*Aster novi-belgii*
283	菊科	亚菊属	亚菊	*Ajania pallasiana*
284	菊科	金鸡菊属	金鸡菊	*Coreopsis drummondii*
285	菊科	金光菊属	黑心菊	*Rudbeckia hirta*
286	菊科	梳黄菊属	黄金菊	*Euryops pectinatus*
287	菊科	鬼针草属	鬼针草	*Bidens pilosa*
288	菊科	向日葵属	向日葵	*Helianthus annuus*
289	菊科	白酒草属	小飞蓬	*Conyza canadensis*
290	菊科	千里光属	细裂银叶菊	*Senecio cineraria* 'Silver Dust'
291	菊科	万寿菊属	万寿菊	*Tagetes erecta*
292	菊科	蛇鞭菊属	蛇鞭菊	*Liatris spicata*
293	菊科	松果菊属	松果菊	*Echinacea purpurea*
294	菊科	天人菊属	天人菊	*Gaillardia pulchella*

（续表）

序号	科	属	种	拉丁学名
295	菊科	蛇目菊属	蛇目菊	*Sanvitalia procumbens*
296	菊科	大吴风草属	大吴风草	*Farfugium japonicum*
297	柳叶菜科	山桃草属	紫叶千鸟花	*Gaura lindheimeri* ‘Crimson Bunny’
298	柳叶菜科	月见草属	美丽月见草	*Oenothera speciosa*
299	柳叶菜科	山桃草属	山桃草	*Gaura lindheimeri*
300	柳叶菜科	丁香蓼属	黄花水龙	*Ludwigia peploides*
301	商陆科	商陆属	商陆	*Phytolacca acinosa*
302	石蒜科	紫娇花属	紫娇花	*Tulbaghia violacea*
303	石蒜科	百子莲属	百子莲	*Agapanthus africanus*
304	石蒜科	葱莲属	葱莲	*Zephyranthes candida*
305	石蒜科	石蒜属	石蒜	*Lycoris radiata*
306	石竹科	石竹属	石竹	*Dianthus chinensis*
307	苋科	莲子草属	空心莲子草	*Alternanthera philoxeroides*
308	鸭跖草科	紫露草属	紫露草	*Tradescantia ohiensis*
309	鸢尾科	射干属	射干	*Belamcanda chinensis*
310	鸢尾科	鸢尾属	鸢尾	*Iris tectorum*
311	鸢尾科	鸢尾属	西伯利亚鸢尾	*Iris sibirica*
312	鸢尾科	鸢尾属	黄菖蒲	*Iris pseudacorus*
313	鸢尾科	鸢尾属	玉蝉花	*Iris ensata*
314	鸢尾科	鸢尾属	马蔺	*Iris lactea*
315	酢浆草科	酢浆草属	红花酢浆草	*Oxalis corymbosa*
316	金鱼藻科	金鱼藻属	金鱼藻	*Ceratophyllum demersum*
317	泽泻科	泽泻属	泽泻	*Alisma plantago-aquatica*
318	泽泻科	泽泻属	慈姑	*Sagittaria trifolia*
319	泽泻科	泽苔草属	泽苔草	*Caldesia parnassifolia*
320	睡莲科	睡莲属	睡莲	*Nymphaea tetragona*
321	睡莲科	莲属	荷花	*Nelumbo nucifera*

（续表）

序号	科	属	种	拉丁学名
322	雨久花科	凤眼蓝属	鸭舌草	*Monochoria vaginalis*
323	雨久花科	凤眼蓝属	凤眼莲	*Eichhornia crassipes*
324	雨久花科	梭鱼草属	梭鱼草	*Pontederia cordata*
325	伞形科	水芹菜属	水芹	*Oenanthe javanica*
326	伞形科	天胡荽属	铜钱草	*Hydrocotyle vulgaris*
327	花蔺科	花蔺属	花蔺	*Butomus umbellatus*
328	香蒲科	香蒲属	水烛	*Typha angustifolia*
329	香蒲科	香蒲属	小香蒲	*Typha minima*
330	香蒲科	香蒲属	香蒲	*Typha orientalis*
331	天南星科	菖蒲属	菖蒲	*Acorus calamus*
332	莎草科	水莎草属	水莎草	*Juncellus serotinus*
333	莎草科	藨草属	水葱	*Scirpus tabernaemontani*
334	莎草科	藨草属	荆三棱	*Scirpus yagara*
335	莎草科	莎草属	旱伞草	*Cyperus alternifolius*
336	竹芋科	再力花属	再力花	*Thalia dealbata*
337	美人蕉科	美人蕉属	美人蕉	*Canna indica*
338	蓼科	蓼属	红蓼	*Polygonum orientale*
339	蓼科	扁蓄属	头花蓼	*Polygonum capitatum*
340	菱科	菱属	菱	*trapa bispinosa*
341	灯芯草科	灯芯草属	灯芯草	*Juncus effusus*
342	旋花科	牵牛属	圆叶牵牛花	*Pharbitis purpurea*
343	小二仙草科	狐尾藻属	狐尾藻	*Myriophyllum verticillatum*
344	水鳖科	黑藻属	黑藻	*Hydrilla verticillata*
345	水鳖科	伊乐藻属	伊乐藻	*Elodea nuttallii*
346	水鳖科	苦草属	苦草	*Vallisneria natans*
347	浮萍科	浮萍属	浮萍	*Lemna minor*
348	龙胆科	荇菜属	荇菜	*Nymphoides peltatum*

（续表）

序号	科	属	种	拉丁学名
349	萍科	萍属	田字萍	*Marsilea quadrifolia*
350	眼子菜科	眼子菜属	眼子菜	*Potamogeton distinctus*
351	眼子菜科	眼子菜属	菹草	*Potamogeton crispus*

附表二 潘安湖湿地公园植物景区分布

序号	植物种类	景 区						
		澳洲主岛（含枇杷岛）	哈尼岛	醉花岛	蝴蝶岛	北大堤	环湖东路	环湖北路（含池杉林）
1	银杏	√	√	√	√	√	√	√
2	雪松	√			√		√	√
3	黑松						√	√
4	油松							√
5	五针松	√		√				
6	马尾松	√						
7	湿地松	√						
8	红皮云杉		√					
9	柳杉		√					
10	落羽杉	√	√	√	√	√	√	√
11	池杉	√	√	√	√	√	√	√
12	中山杉		√	√				
13	水杉	√	√	√	√	√	√	√
14	侧柏							√
15	铺地柏	√						
16	龙柏	√			√			
17	罗汉松							√
18	毛白杨				√		√	√
19	旱柳				√			√
20	龙爪柳							√
21	垂柳	√	√					√
22	大叶柳			√				√

（续表）

序号	植物种类	景区						
		澳洲主岛（含枇杷岛）	哈尼岛	醉花岛	蝴蝶岛	北大堤	环湖东路	环湖北路（含池杉林）
23	彩叶杞柳	√		√				
24	核桃				√			
25	枫杨	√	√	√	√			
26	白桦	√						
27	柳叶栎	√						
28	沼生栎	√						
29	娜塔栎	√						
30	榔榆	√	√	√	√	√	√	√
31	春榆	√						√
32	金叶榆	√						
33	榉树	√					√	
34	朴树	√	√	√	√	√	√	√
35	小叶朴						√	√
36	珊瑚朴	√						
37	沙朴	√						√
38	桑树		√	√	√			√
39	构树			√				√
40	葎草	√	√	√	√	√	√	√
41	紫叶小檗				√			
42	狭叶十大功劳	√	√	√	√	√	√	√
43	阔叶十大功劳	√					√	
44	南天竹	√	√			√		√
45	玉兰	√						√
46	广玉兰	√	√	√	√	√	√	√
47	望春玉兰	√				√		√

（续表）

序号	植物种类	景　区						
		澳洲主岛（含枇杷岛）	哈尼岛	醉花岛	蝴蝶岛	北大堤	环湖东路	环湖北路（含池杉林）
48	紫玉兰	√						
49	二乔玉兰	√						
50	鹅掌楸	√						√
51	杂交鹅掌楸	√						
52	蜡梅	√	√	√	√	√	√	√
53	香樟	√		√				√
54	海桐	√	√	√	√	√	√	
55	枫香		√		√			
56	北美枫香	√						
57	红花檵木	√						
58	杜仲			√				
59	三球悬铃木			√				
60	珍珠绣线菊		√	√				
61	麻叶绣线菊		√	√				
62	粉花绣线菊		√	√				
63	金焰绣线菊		√	√				
64	紫叶风箱果	√						
65	珍珠梅						√	
66	火棘			√	√			
67	小丑火棘	√						
68	山楂	√	√					
69	枇杷	√	√	√	√	√	√	√
70	石楠	√	√	√	√	√	√	√
71	红叶石楠	√	√	√	√	√	√	√
72	椤木石楠	√		√	√			

（续表）

序号	植物种类	景 区						
		澳洲主岛（含枇杷岛）	哈尼岛	醉花岛	蝴蝶岛	北大堤	环湖东路	环湖北路（含池杉林）
73	木瓜	√	√	√				√
74	沂州海棠	√						
75	贴梗海棠	√						
76	海棠花	√						
77	西府海棠						√	
78	垂丝海棠	√	√	√	√	√	√	√
79	梨树	√						
80	杜梨	√						
81	野蔷薇				√			√
82	十姊妹	√	√					
83	月季花	√		√				
84	大花香水月季	√		√				
85	丰花月季	√	√		√			
86	木香花	√					√	
87	黄刺玫	√						
88	棣棠花	√	√			√		
89	紫叶李	√	√	√	√	√	√	√
90	杏树	√	√		√			√
91	梅花			√				
92	杏梅			√				
93	美人梅	√					√	
94	桃树	√	√	√	√	√	√	√
95	碧桃	√			√			
96	紫叶碧桃	√	√					
97	榆叶梅	√					√	√

（续表）

序号	植物种类	景 区						
		澳洲主岛（含枇杷岛）	哈尼岛	醉花岛	蝴蝶岛	北大堤	环湖东路	环湖北路（含池杉林）
98	樱花	√	√	√	√	√	√	√
99	日本晚樱	√	√					
100	郁李	√						
101	蛇莓							√
102	合欢	√	√	√	√	√	√	√
103	紫荆	√	√	√	√	√	√	√
104	皂荚	√						
105	伞房决明		√					√
106	紫藤		√				√	
107	刺槐		√				√	√
108	紫穗槐						√	
109	中华胡枝子	√						
110	国槐	√	√					√
111	龙爪槐	√						
112	黄金槐	√	√					√
113	锦鸡儿	√						
114	香豌豆	√						
115	白车轴草	√					√	√
116	苦楝	√	√			√		
117	香椿					√		√
118	重阳木	√	√	√				√
119	乌桕	√	√	√	√	√	√	√
120	小叶黄杨	√			√			√
121	金边黄杨	√	√		√			√
122	雀舌黄杨	√						

（续表）

序号	植物种类	景 区						
		澳洲主岛（含枇杷岛）	哈尼岛	醉花岛	蝴蝶岛	北大堤	环湖东路	环湖北路（含池杉林）
123	大叶黄杨	√	√		√		√	√
124	黄连木		√	√				
125	美国红栌	√						
126	枸骨	√						√
127	无刺枸骨	√		√				
128	冬青		√		√		√	√
129	龟甲冬青			√				
130	扶芳藤	√	√					
131	卫矛	√	√	√	√	√	√	√
132	丝棉木	√	√					
133	色木槭	√						
134	三角槭	√	√		√			√
135	鸡爪槭	√	√	√	√	√	√	√
136	红枫	√	√	√	√	√	√	√
137	羽毛枫	√						
138	樟叶槭	√						
139	七叶树	√						
140	栾树	√	√	√	√	√	√	√
141	全缘叶栾树	√	√	√	√	√	√	√
142	文冠果	√						
143	无患子						√	√
144	枳椇	√						
145	枣树							√
146	木槿	√	√	√	√	√	√	√
147	木芙蓉	√	√					√

序号	植物种类	景 区						
		澳洲主岛（含枇杷岛）	哈尼岛	醉花岛	蝴蝶岛	北大堤	环湖东路	环湖北路（含池杉林）
148	芙蓉葵	√						
149	秋葵	√						
150	锦葵	√						
151	蜀葵		√					
152	梧桐	√	√			√	√	
153	山茶	√						√
154	金丝桃		√					
155	柽柳	√						
156	结香	√		√				
157	胡颓子	√						
158	金边胡颓子							√
159	紫薇	√	√		√			√
160	千屈菜	√	√	√	√	√	√	√
161	石榴	√	√	√	√	√	√	√
162	水紫树	√						
163	香桃木	√						
164	常春藤	√	√					
165	金边常春藤		√					
166	八角金盘	√	√					√
167	灯台树	√						
168	红瑞木	√	√					√
169	毛梾	√						
170	洒金珊瑚	√			√			√
171	毛杜鹃				√			
172	柿	√	√	√				√

（续表）

序号	植物种类	景区						
		澳洲主岛（含枇杷岛）	哈尼岛	醉花岛	蝴蝶岛	北大堤	环湖东路	环湖北路（含池杉林）
173	秤锤树	√						
174	白蜡	√						
175	欧洲白蜡			√	√			
176	美国白蜡					√		
177	金钟	√	√		√			
178	流苏树			√				
179	女贞	√	√	√	√	√	√	√
180	小蜡			√			√	√
181	小叶女贞	√	√	√	√	√	√	√
182	银霜女贞	√						
183	银姬小蜡	√						
184	金森女贞	√	√	√	√	√	√	√
185	桂花	√	√	√	√	√	√	√
186	金桂	√						
187	紫丁香	√	√	√	√	√	√	√
188	雪柳	√						
189	迎春花	√			√	√	√	
190	探春花				√			
191	黄馨	√	√					
192	连翘			√			√	√
193	大叶醉鱼草		√	√				
194	夹竹桃	√						
195	蔓长春花	√						√
196	海州常山	√						
197	单叶蔓荆	√						

（续表）

序号	植物种类	景 区						
		澳洲主岛（含枇杷岛）	哈尼岛	醉花岛	蝴蝶岛	北大堤	环湖东路	环湖北路（含池杉林）
198	柳叶马鞭草	√	√					
199	美女樱	√						
200	枸杞	√		√				
201	矮牵牛	√						
202	毛泡桐	√						
203	楸树	√						
204	黄金树	√				√		
205	凌霄		√				√	
206	大叶栀子	√						
207	六月雪	√						√
208	水杨梅	√						
209	红王子锦带花	√				√		
210	花叶锦带花	√						
211	锦带花	√	√	√	√			
212	六道木	√						
213	金银木	√		√				
214	金银花	√	√	√				
215	郁香忍冬	√			√			
216	蓝叶忍冬	√						
217	下江忍冬	√						
218	匍枝亮绿忍冬	√						
219	接骨木	√						
220	珊瑚树	√						
221	琼花	√						
222	刚竹		√		√		√	

（续表）

序号	植物种类	景　区						
		澳洲主岛（含枇杷岛）	哈尼岛	醉花岛	蝴蝶岛	北大堤	环湖东路	环湖北路（含池杉林）
223	毛竹		√		√			
224	淡竹		√		√		√	√
225	金镶玉竹	√			√		√	
226	黄古竹	√			√			
227	龟甲竹	√						
228	慈孝竹	√	√		√			
229	凤尾竹	√			√			
230	箬竹	√			√			
231	蒲苇	√	√	√	√	√	√	√
232	矮蒲苇	√						
233	芒	√						
234	斑叶芒	√	√					
235	细叶芒	√	√					
236	狼尾草	√	√					
237	紫穗狼尾草							√
238	小兔子狼尾草	√						
239	知风草	√						
240	求米草	√						
241	芦苇	√	√	√	√	√	√	√
242	芦竹	√	√	√	√	√	√	√
243	花叶芦竹		√	√	√			√
244	荻							√
245	茭白							√
246	狗牙根	√	√	√	√	√	√	√
247	高羊茅	√	√					

序号	植物种类	景 区						
		澳洲主岛（含枇杷岛）	哈尼岛	醉花岛	蝴蝶岛	北大堤	环湖东路	环湖北路（含池杉林）
248	白茅草	√		√				√
249	玉带草	√	√				√	√
250	黑麦草	√	√					
251	棕榈		√					√
252	玉簪	√	√	√			√	
253	花叶玉簪	√	√	√				√
254	萱草	√			√		√	
255	大花萱草	√	√					
256	火炬花	√						
257	沿阶草	√			√			
258	麦冬	√	√	√	√	√	√	√
259	金边麦冬	√	√		√		√	
260	阔叶麦冬	√	√		√	√	√	
261	兰花三七	√					√	
262	吉祥草	√	√		√			
263	玉竹	√						
264	柞木	√						
265	瘿椒树	√						
266	水果兰	√						
267	迷迭香	√						
268	天蓝鼠尾草	√						
269	一串红	√						
270	多花筋骨草	√						
271	光叶子花	√						
272	平车前	√						

（续表）

序号	植物种类	景 区						
		澳洲主岛（含枇杷岛）	哈尼岛	醉花岛	蝴蝶岛	北大堤	环湖东路	环湖北路（含池杉林）
273	凤仙花	√						
274	针叶天蓝绣球	√						
275	费菜	√						
276	八宝景天	√	√					√
277	桔梗	√	√					
278	风铃草	√						
279	艾草							√
280	波斯菊	√	√	√				√
281	大滨菊	√						
282	荷兰菊	√						
283	亚菊	√						
284	金鸡菊	√	√	√	√			
285	黑心菊	√		√				
286	黄金菊	√		√				
287	鬼针草	√						
288	向日葵	√						
289	小飞蓬	√						
290	细裂银叶菊	√						
291	万寿菊	√						
292	蛇鞭菊	√						
293	松果菊	√						
294	天人菊	√		√				
295	蛇目菊	√		√				
296	大吴风草	√		√				
297	紫叶千鸟花	√						

（续表）

序号	植物种类	景 区						
		澳洲主岛（含枇杷岛）	哈尼岛	醉花岛	蝴蝶岛	北大堤	环湖东路	环湖北路（含池杉林）
298	美丽月见草	√						
299	山桃草	√						
300	黄花水龙	√						√
301	商陆	√						√
302	紫娇花	√						
303	百子莲	√						
304	葱莲	√	√					
305	石蒜	√	√					
306	石竹	√						
307	空心莲子草	√						√
308	紫露草	√						
309	射干	√						√
310	鸢尾	√	√	√	√	√	√	√
311	西伯利亚鸢尾		√					√
312	黄菖蒲	√	√	√	√	√	√	√
313	玉蝉花		√					
314	马蔺							√
315	红花酢浆草	√	√					√
316	金鱼藻	√						
317	泽泻	√						
318	慈姑	√	√					√
319	泽苔草	√						√
320	睡莲	√		√	√			√
321	荷花	√	√		√			√
322	鸭舌草	√						

（续表）

序号	植物种类	景 区						
		澳洲主岛（含枇杷岛）	哈尼岛	醉花岛	蝴蝶岛	北大堤	环湖东路	环湖北路（含池杉林）
323	凤眼莲	√		√				
324	梭鱼草	√						√
325	水芹	√						
326	铜钱草	√						
327	花蔺	√						
328	水烛	√						
329	小香蒲	√						√
330	香蒲	√	√	√	√	√	√	√
331	菖蒲	√	√	√	√	√		√
332	水莎草	√						
333	水葱	√	√		√			√
334	荆三棱	√						√
335	旱伞草	√						√
336	再力花	√	√	√	√	√	√	
337	美人蕉	√	√	√	√			
338	红蓼	√						√
339	头花蓼	√						√
340	菱	√						√
341	灯芯草	√						√
342	圆叶牵牛花	√						
343	狐尾藻	√	√					
344	黑藻	√						
345	伊乐藻	√						
346	苦草	√						
347	浮萍	√						

（续表）

序号	植物种类	景 区						
		澳洲主岛（含枇杷岛）	哈尼岛	醉花岛	蝴蝶岛	北大堤	环湖东路	环湖北路（含池杉林）
348	荇菜	√						√
349	田字萍	√						
350	眼子菜	√						
351	菹草	√						

附表三　潘安湖湿地公园植物观赏特征

序号	植物种类	一月	二月	三月	四月	五月	六月	七月	八月	九月	十月	十一月	十二月
1	银杏										◇	◇	
2	雪松	△	△	△	△	△	△	△	△	△		△	△
3	黑松												
4	油松												
5	五针松												
6	马尾松												
7	湿地松												
8	红皮云杉												
9	柳杉												
10	落羽杉			△	△	△	△	△	△	◇△	◇△		
11	池杉			△	△	△	△	△	△	△	△		
12	中山杉			△	△	△	△	△	△	△	△		
13	水杉			△	△	△	△	△	△	◇△	◇△		
14	侧柏												
15	铺地柏												
16	龙柏	△	△	△	△	△	△	△	△	△		△	△
17	罗汉松												
18	毛白杨												
19	旱柳												
20	龙爪柳	△	△	△	△	△	△	△	△	△		△	△
21	垂柳			△	△	△	△	△	△	△			
22	大叶柳												
23	彩叶杞柳			◇	◇	◇	◇	◇	◇	◇	◇		
24	核桃												

（续表）

序号	植物种类	一月	二月	三月	四月	五月	六月	七月	八月	九月	十月	十一月	十二月
25	枫杨												
26	白桦	□	□	□	□	□	□	□	□	□	□	□	□
27	柳叶栎									◇	◇		
28	沼生栎									◇	◇		
29	娜塔栎									◇	◇		
30	榔榆	□	□	□	□	□	□	□	□	□	◇□	◇□	□
31	春榆												
32	金叶榆			◇	◇	◇	◇	◇		◇	◇	◇	
33	榉树									◇	◇	△	△
34	朴树												
35	小叶朴												
36	珊瑚朴												
37	沙朴												
38	桑树							○	○				
39	构树						○	○					
40	葎草												
41	紫叶小檗			◇	◇	◇	◇	◇	◇	◇	◇	◇	
42	狭叶十大功劳			◇	◇	◇	◇	◇	◇	◇	◇	◇	
43	阔叶十大功劳			◇	◇	◇	◇	◇	◇	◇	◇	◇	
44	南天竹	◇	◇	◇	◇	◇	◇	◇	◇	◇	◇○	◇○	◇
45	玉兰				☆								
46	广玉兰						☆						
47	望春玉兰				☆								
48	紫玉兰				☆								
49	二乔玉兰				☆								
50	鹅掌楸									◇	◇		
51	杂交鹅掌楸									◇	◇		

（续表）

序号	植物种类	一月	二月	三月	四月	五月	六月	七月	八月	九月	十月	十一月	十二月
52	蜡梅	☆											☆
53	香樟												
54	海桐												
55	枫香								◇	◇	◇		
56	北美枫香								◇	◇	◇		
57	红花檵木				◇	◇	◇	◇	◇	◇	◇	◇	◇
58	杜仲												
59	三球悬铃木												
60	珍珠绣线菊				☆	☆							
61	麻叶绣线菊				☆	☆							
62	粉花绣线菊						☆	☆					
63	金焰绣线菊				☆	☆							
64	紫叶风箱果				☆	☆							
65	珍珠梅								☆	☆			
66	火棘				☆	☆					○	○	
67	小丑火棘	◇	◇									◇	◇
68	山楂					☆					○		
69	枇杷						○						
70	石楠												
71	红叶石楠				◇	◇	◇	◇	◇	◇	◇	◇	◇
72	椤木石楠												
73	木瓜				☆						○		
74	沂州海棠				☆								
75	贴梗海棠				☆								
76	梨海棠花				☆								
77	西府海棠				☆								
78	垂丝海棠				☆								

（续表）

序号	植物种类	一月	二月	三月	四月	五月	六月	七月	八月	九月	十月	十一月	十二月
79	梨树				☆						○		
80	杜梨			☆									
81	野蔷薇				☆								
82	十姊妹			☆	☆	☆	☆	☆	☆	☆			
83	月季花			☆	☆	☆	☆	☆	☆	☆			
84	大花香水月季			☆	☆	☆	☆	☆	☆	☆			
85	丰花月季			☆	☆	☆	☆	☆	☆	☆			
86	木香花			☆	☆								
87	黄刺玫			☆	☆								
88	棣棠花			☆	☆								
89	紫叶李			☆	☆	◇	◇	◇	◇	◇	◇		
90	杏树			☆			○						
91	桃树			☆	☆		○						
92	碧桃			☆	☆								
93	紫叶碧桃			☆	☆								
94	梅花			☆	☆								
95	杏梅			☆	☆								
96	美人梅			☆	☆								
97	榆叶梅			☆	☆								
98	樱花			☆	☆								
99	日本晚樱			☆	☆								
100	郁李			☆	☆								
101	蛇莓			○									
102	合欢						☆	☆					
103	紫荆			☆	☆								
104	皂荚												
105	伞房决明							☆	☆				

（续表）

序号	植物种类	一月	二月	三月	四月	五月	六月	七月	八月	九月	十月	十一月	十二月
106	紫藤				☆	☆							
107	刺槐				☆	☆							
108	紫穗槐				☆	☆							
109	中华胡枝子								☆	☆			
110	国槐												
111	龙爪槐		△	△	△	△	△	△					
112	黄金槐		◇	◇	◇	◇	◇	◇	◇	◇	◇	◇	
113	锦鸡儿				☆	☆							
114	香豌豆					☆	☆						
115	白车轴草				☆	☆							
116	苦楝				☆	☆					○		
117	香椿												
118	重阳木								◇	◇			
119	乌桕								◇	◇	◇		
120	小叶黄杨												
121	金边黄杨	◇	◇	◇	◇	◇	◇	◇	◇	◇	◇	◇	◇
122	雀舌黄杨												
123	大叶黄杨												
124	黄连木									◇	◇	◇	
125	美国红栌									◇	◇	◇	
126	枸骨										○		
127	无刺枸骨										○		
128	冬青										○		
129	龟甲冬青												
130	扶芳藤												
131	卫矛												
132	丝棉木									◇	◇	◇	

（续表）

(续表)

序号	植物种类	一月	二月	三月	四月	五月	六月	七月	八月	九月	十月	十一月	十二月
133	色木槭										◇	◇	
134	三角槭										◇	◇	
135	鸡爪槭				◇	◇	◇	◇	◇	◇	◇	◇	
136	红枫				◇	◇	◇	◇	◇	◇	◇		
137	羽毛枫				◇	◇	◇	◇	◇	◇	◇	◇	
138	樟叶槭												
139	七叶树				☆								
140	栾树							☆	☆	○	○		
141	全缘叶栾树							☆	☆	○	○		
142	文冠果				☆								
143	无患子										◇	◇	
144	枳椇												
145	枣树							○	○	○			
146	木槿						☆	☆					
147	木芙蓉						☆	☆					
148	芙蓉葵							☆	☆	☆			
149	秋葵												
150	锦葵					☆	☆	☆	☆				
151	蜀葵						☆	☆	☆				
152	梧桐	□	□	□	□	□	□	□	□	□	□	□	□
153	山茶		☆	☆									
154	金丝桃					☆	☆	☆					
155	柽柳												
156	结香		☆	☆									
157	胡颓子												
158	金边胡颓子	◇	◇	◇	◇	◇	◇	◇	◇	◇	◇	◇	◇
159	紫薇						☆	☆	☆	☆	☆		

（续表）

序号	植物种类	一月	二月	三月	四月	五月	六月	七月	八月	九月	十月	十一月	十二月
160	千屈菜						☆	☆	☆				
161	石榴					☆	☆			○	○		
162	水紫树												
163	香桃木												
164	常春藤												
165	金边常春藤												
166	八角金盘												
167	灯台树												
168	红瑞木										□	□	□
169	毛梾												
170	洒金珊瑚	◇	◇	◇	◇	◇	◇	◇	◇	◇	◇	◇	◇
171	毛杜鹃			☆	☆								
172	柿									○	○		
173	秤锤树			☆	☆					○	○		
174	白蜡										◇	◇	
175	欧洲白蜡										◇	◇	
176	美国白蜡										◇	◇	
177	金钟			☆									
178	流苏树			☆									
179	女贞						☆						
180	小蜡			☆									
181	小叶女贞												
182	银霜女贞												
183	银姬小蜡												
184	金森女贞	◇	◇	◇	◇	◇	◇	◇	◇	◇	◇	◇	◇
185	桂花									☆	☆		
186	金桂									☆	☆		

（续表）

序号	植物种类	一月	二月	三月	四月	五月	六月	七月	八月	九月	十月	十一月	十二月
187	紫丁香				☆								
188	雪柳				☆								
189	迎春花			☆									
190	探春花						☆	☆					
191	黄馨					☆	☆						
192	连翘			☆									
193	大叶醉鱼草				☆	☆							
194	夹竹桃						☆	☆	☆	☆	☆		
195	蔓长春花			☆	☆	☆							
196	海州常山								☆	☆			
197	单叶蔓荆							☆	☆				
198	柳叶马鞭草					☆	☆	☆	☆	☆			
199	美女樱					☆	☆	☆	☆	☆	☆		
200	枸杞									○	○		
201	矮牵牛					☆	☆	☆	☆	☆	☆		
202	毛泡桐				☆	☆							
203	楸树				☆	☆							
204	黄金树					☆	☆		○	○			
205	凌霄						☆	☆	☆				
206	大叶栀子					☆	☆	☆	☆				
207	六月雪					☆	☆	☆					
208	水杨梅				☆	☆	☆						
209	红王子锦带花				☆	☆	☆						
210	花叶锦带花				☆	☆	☆						
211	锦带花				☆	☆	☆						
212	六道木					☆							
213	金银木					☆	☆			○	○		

（续表）

序号	植物种类	一月	二月	三月	四月	五月	六月	七月	八月	九月	十月	十一月	十二月
214	金银花				☆	☆	☆						
215	郁香忍冬		☆	☆	☆								
216	蓝叶忍冬												
217	下江忍冬												
218	匍枝亮绿忍冬												
219	接骨木									○	○		
220	珊瑚树												
221	琼花					☆	☆						
222	刚竹												
223	毛竹												
224	淡竹												
225	金镶玉竹												
226	黄古竹												
227	龟甲竹												
228	慈孝竹												
229	凤尾竹												
230	箬竹												
231	蒲苇								☆	☆	☆	☆	☆
232	矮蒲苇								☆	☆	☆	☆	☆
233	芒												
234	斑叶芒	◇	◇	◇	◇	◇	◇	◇	◇	◇	◇	◇	◇
235	细叶芒	◇	◇	◇	◇	◇	◇	◇	◇	◇	◇	◇	◇
236	狼尾草						☆	☆	☆	☆	☆	☆	
237	紫穗狼尾草						☆	☆	☆	☆	☆	☆	
238	小兔子狼尾草						☆	☆	☆	☆	☆	☆	
239	知风草												
240	求米草												

序号	植物种类	一月	二月	三月	四月	五月	六月	七月	八月	九月	十月	十一月	十二月
241	芦苇												
242	芦竹												
243	花叶芦竹	◇	◇	◇	◇	◇	◇	◇	◇	◇	◇	◇	◇
244	荻												
245	茭白												
246	狗牙根												
247	高羊茅												
248	白茅草												
249	玉带草												
250	黑麦草												
251	棕榈												
252	玉簪							☆	☆				
253	花叶玉簪							☆	☆				
254	萱草						☆	☆					
255	大花萱草						☆	☆					
256	火炬花						☆	☆	☆	☆	☆		
257	沿阶草												
258	麦冬												
259	金边麦冬												
260	阔叶麦冬												
261	兰花三七												
262	吉祥草												
263	玉竹					☆	☆						
264	柞木												
265	瘿椒树												
266	水果兰	◇	◇	◇	◇	◇	◇	◇	◇	◇	◇	◇	◇
267	迷迭香												

（续表）

序号	植物种类	一月	二月	三月	四月	五月	六月	七月	八月	九月	十月	十一月	十二月
268	天蓝鼠尾草						☆	☆	☆	☆			
269	一串红					☆	☆	☆	☆	☆	☆		
270	多花筋骨草				☆	☆							
271	光叶子花				☆	☆	☆	☆					
272	平车前												
273	凤仙花							☆	☆	☆			
274	针叶天蓝绣球					☆	☆	☆	☆				
275	费菜						☆	☆					
276	八宝景天								☆	☆			
277	桔梗							☆		☆			
278	风铃草					☆	☆	☆	☆	☆			
279	艾草												
280	波斯菊						☆	☆	☆				
281	大滨菊					☆	☆	☆	☆	☆	☆		
282	荷兰菊								☆	☆	☆		
283	亚菊								☆	☆			
284	金鸡菊					☆	☆	☆	☆	☆			
285	黑心菊						☆	☆	☆	☆	☆		
286	黄金菊					☆	☆	☆	☆	☆			
287	鬼针草												
288	向日葵						☆	☆					
289	小飞蓬					☆	☆	☆	☆				
290	细裂银叶菊						☆	☆	☆	☆			
291	万寿菊							☆	☆	☆			
292	蛇鞭菊							☆	☆				
293	松果菊						☆	☆					
294	天人菊							☆	☆	☆	☆		

（续表）

序号	植物种类	一月	二月	三月	四月	五月	六月	七月	八月	九月	十月	十一月	十二月
295	蛇目菊						☆	☆	☆				
296	大吴风草								☆	☆	☆		
297	紫叶千鸟花					☆	☆	☆	☆	☆	☆		
298	美丽月见草				☆	☆	☆	☆	☆	☆	☆		
299	山桃草					☆	☆	☆	☆				
300	黄花水龙						☆	☆	☆				
301	商陆					☆	☆	☆	☆				
302	紫娇花					☆	☆	☆					
303	百子莲								☆	☆			
304	葱莲								☆	☆	☆		
305	石蒜								☆	☆			
306	石竹					☆	☆						
307	空心莲子草					☆	☆	☆	☆	☆			
308	紫露草						☆	☆	☆	☆			
309	射干						☆	☆	☆				
310	鸢尾				☆	☆							
311	西伯利亚鸢尾				☆	☆							
312	黄菖蒲					☆							
313	玉蝉花						☆	☆					
314	马蔺					☆	☆						
315	红花酢浆草				☆	☆	☆	☆	☆	☆			
316	金鱼藻												
317	泽泻					☆	☆	☆	☆	☆			
318	慈姑								☆	☆	☆		
319	泽苔草												
320	睡莲						☆	☆	☆				
321	荷花						☆	☆	☆	☆			

（续表）

序号	植物种类	一月	二月	三月	四月	五月	六月	七月	八月	九月	十月	十一月	十二月
322	鸭舌草												
323	凤眼莲							☆	☆	☆			
324	梭鱼草					☆	☆	☆	☆	☆			
325	水芹												
326	铜钱草				◇	◇	◇	◇	◇	◇	◇	◇	
327	花蔺					☆	☆	☆					
328	水烛						○	○	○	○			
329	小香蒲												
330	香蒲												
331	菖蒲												
332	水莎草							☆	☆	☆			
333	水葱												
334	荆三棱												
335	旱伞草					☆	☆	☆	☆				
336	再力花				☆	☆	☆	☆	☆	☆			
337	美人蕉			☆	☆	☆	☆	☆	☆	☆			
338	红蓼							☆	☆	☆	☆		
339	头花蓼							☆	☆	☆	☆		
340	菱					☆	☆	☆	☆	☆			
341	灯芯草							☆	☆				
342	圆叶牵牛花							☆	☆	☆	☆	☆	
343	狐尾藻												
344	黑藻												
345	伊乐藻												
346	苦草												
347	浮萍				☆	☆	☆						
348	荇菜				☆	☆	☆	☆	☆				

（续表）

（续表）

序号	植物种类	一月	二月	三月	四月	五月	六月	七月	八月	九月	十月	十一月	十二月
349	田字萍												
350	眼子菜												
351	菹草												

注：△ 观姿

◇ 观叶

□ 观干

○ 观果

☆ 观花

植物中文名索引（按笔画顺序排列）

参 考 文 献

[1] 沈海燕.徐州潘安湖二期湿地公园景观工程 [J].园林，2014（9）：28-31.

[2] 王鹏飞，栗燕，杨秋生.郑州市公园绿地木本植物物种多样性研究 [J].中国园林，2009，25（5）：84-87.

[3] 欧阳子珞，吉文丽，杨梅.西安城市绿地植物多样性分析 [J].西北林学院学报，2015，30（2）：257-261.

[4] 胡传伟，赵强民，孙冰，等.珠三角人居绿地木本植物数量特征研究 [J].生态科学，2017，36（2）：76-81.

[5] 李勇，王毓银，孙昌举，等.徐州市公园绿地建设 [M].北京：中国林业出版社，2016.

[6] 陈有民.园林树木学（修订版）[M].北京：中国林业出版社，2006.

[7] 江苏植物研究所.江苏植物志（上册）[M].南京：江苏人民出版社，1977.

[8] 江苏植物研究所.江苏植物志（下册）[M].南京：江苏科学技术出版社，1982.

[9] 王翔，陈举来，张勤.江苏省城市园林绿化适生植物 [M].上海：上海科学技术出版社，2005.

[10] 朱纯，潘永华，冯毅敏，等.澳门公园植物多样性调查研究 [J].中国园林，2009，25（3）：83-86.

[11] 于立忠，于水强，史建伟，等.不同类型人工阔叶红松林高等植物物种多样性 [J].生态学杂志，2005，24（11）：1253-1257.

[12] 唐强，闫红伟，赵彦博，等.西安镇道路绿地植物多样性分析 [J].西北林学院学报，2012，27（2）：226-229.

[13] 史琰，金荷仙，包志毅，等.中国城市建成区乔木结构特征 [J].中国园林，2016，32（6）：77-82.

[14] 梁珍海，秦飞，季永华，等.徐州市植物多样性调查与多样性保护规划 [M].南京：江苏科学技术出版社，2013.

[15] 中华人民共和国住房和城乡建设部.城市园林绿化评价标准：GB/T 50563—2010[S].北京：中国建筑工业出版社，2010.

[16] 王荷生.中国自然地理 [M].北京：科学出版社，1992.

[17] 王文国，马丹炜，张翔，等.成都地区园林种子植物属的区系分析 [J].四川师范大学报（自然科学版），2005，28（5）：604-607.

[18] 李兵，朱自学.淮阳龙湖国家湿地公园植物物种多样性 [J].湿地科学，2017，15（3）：411-415.

[19] 王立龙，张喆，晋秀龙，等.淮北国家城市湿地公园野生植物区系及栽培植物营建 [J].自然资源学报，2016，31（4）：682-692.

[20] 吴征镒，周浙昆，李德铢，等.世界种子植物科的分布区类型系统 [J].云南植物研究，2003，

25（3）：245-257.

[21] 中国科学院中国植物志编辑委员会.中国植物志：第一卷 [M].北京：科学出版社，2004.

[22] 吴征镒.中国种子植物属的分布区类型 [J].云南植物研究，1991（增刊IV）：1-139.

[23] 汤庚国　李湘萍　谢继步，等.江苏湿地植物的区系特征及其保护与利用 [J].南京林业大学学报，1997，21（4）：47-52.

[24] 修晨，欧阳志云，郑华.北京永定河—海河干流河岸带植物的区系分析 [J].生态学报，2014，34（6）：1535-1547.

[25] 滑丽萍.湖泊底泥中磷与重金属污染评价及其植物修复 [D].北京：首都师范大学，2006.

[26] 张江华.潼关金矿区太峪河沉积物重金属污染研究 [D].西安：西安科技大学，2009.

[27] NIKOLAIDIS C，ZAFIRIADIS I，MATHIOUDAKIS V，et al. Heavy metal pollution associated with an abandoned lead-zinc mine in the Kirki region，NE Greece [J]. Bulletin of Environmental Contamination and Toxicology，2010，21（3）：307-312.

[28] BERTIN C，BOURY A C M. Trends in the heavy metal content of river sediments in the drainage basin of smelting activities [J]. Water Research，1995（29）：1729-1736.

[29] BARBIER F，DUC G，PETIT-RAMEL M. Adsorption of lead and cadmium ions from aqueous solution to the montmorillonite/water interface [J]. Colloids and Surfaces A: Physicochemical and Engineering Aspects，2000，166（1/3）：153-159.

[30] 祝迪迪.淮河（贾鲁河段）表层沉积物重金属污染研究 [D].南京：南京大学，2013.

[31] 吴伟，余晓丽，李咏梅.不同种属的微生物对养殖水体中有机物质的生物降解 [J].湛江海洋学学报（自然科学版），2001，21（3）：67-70.

[32] 王庆仁，崔岩山，董艺婷.植物修复重金属污染土壤整治有效途径 [J].生态学报，2001，21（2）：326-335.

[33] GUERINOT M L，SALT D E. Fortified foods and phytoremediation：two sides of the same coin. Plant Physiology，2001，125（1）：164-167.

[34] 童昌华，杨肖娥，濮培民.水生植物控制湖泊底泥营养盐释放的效果与机理 [J].农业环境科学报，2003，6：673-676.

[35] 种云霄，胡洪营，钱易.大型水生植物在水污染治理中的应用研究进展 [J].环境污染治理技术与设备，2003，4（2）：36-40.

[36] KOTRBA P，NAJMANOVA J，MACEK T，et al. Genetically modified plants in phytoremediation of heavy metal and metalloid soil and sediment pollution[J]. Biotechnology Advances，2009，27（6）：799-810.

[37] RAJKUMAR M，SANDHYA S，PRASAD M N V，et al. Perspectives of plant-associated microbes in heavy metal phytoremediation [J].Biotechnology Advances，2012，30: 1562-1574.

[38] 高华梅，谷孝鸿，曾庆飞，等.不同基质下菹草的生长及其对水体营养盐的吸收 [J].湖泊科学，2010，22（5）：655-659

[39] 廖启林，刘聪，许艳，等.江苏省土壤元素地球化学基准值 [J].中国地质，2011（5）：1363-1378.

[40] 黄亮，李伟，吴莹，等.长江中游若干湖泊中水生植物体内重金属分布 [J].环境科学研究，

2002, 15 (6) : 1-3.

[41] MISHRA V K, UPADHYAY A R, PANDEY S K, et al. Concentrations of heavy metals and aquatic macrUphytes of Govind Ballabh Pant Sagar arl anthropogenic lake afFbcted by coal mining emuent[J]. Environmental Monitoring and Assessment, 2008, 141: 49-58.

[42] 任文君, 田在锋, 宁国辉, 等 . 4 种沉水植物对白洋淀富营养化水体净化效果的研究 [J]. 生态环境学报, 2011, 20 (2) : 345-352.

[43] 刘旭富, 石青 . 五种水生植物对富营养化水体净化能力的研究 [J]. 北方园艺, 2012, 22 (22) : 54-56.

[44] GBUREK W J, SHARPLEY A N, HEATHWAITE L, et al. Phosphorus management at the watershed: a modification of the Phosphorus index [J]. Environmental Quality, 2000, 29 (1) : 130-140.

[45] WHITE J S, BAYLEY S E, CURTIS P J. Sediment storage of phosphorus in a northern prairie wetlands receiving municipal and agro-industrial wastewater [J]. Ecological Engineering, 2000, 14 (1) : 127-138.

[46] 罗晓娟, 余勇利 . 植被缓冲带结构与功能对水质的影响 [J]. 水土保持应用技术, 2006 (4) : 1-3.

[47] 徐洁思 . 上海市河岸带植物配置研究 [D]. 上海: 华东师范大学, 2008.

[48] 田琦, 王沛芳, 欧阳萍, 等 . 5 种沉水植物对富营养化水体的净化能力研究 [J]. 水资源保护, 2009, 25 (1) : 14-17.

[49] LACOUL P, FREEDMAN B. Relationships between aquatic plants and environmental factors along a steep Himalayan altitudinal gradient [J].Aquatic Botany, 2006, 84 (1) : 3-16.

[50] SASS L L, BOZEK M A, HAUXWELL J A, et al. Response of aquatic macrophytes to human land use perturbations in the watersheds of Wisconsin lakes, U.S.A [J].Aquatic Botany, 2010, 93 (1) : 1-8.

[51] 颜兵文, 彭重华, 胡希军 . 河岸植被缓冲带规划及重建研究: 以长株潭湘江河岸带为例 [J]. 西南林学院学报, 2008, 21 (1) : 57-60.

[52] GREENWAY M. Suitability of macrophytes for nutrient removal from surface flow constructed wetlands receiving secondary treated sewage effluent in Queensland, Australia [J]. Water Science and Technology, 2003, 48 (2) : 121-128.

[53] SUSAN M S. Movement of forest birds across river and clearcut edges of varying riparian buffer strip widths [J].Forest Ecology and Management, 2006, 223: 190-199.

[54] CORRELL D L. Principles of planning and establishment of buffer zones [J].Ecological Engineering, 2005, 24 (5) : 433-439.

[55] 吴健, 王敏, 吴建强 . 滨岸缓冲带植物群落优化配置试验研究 [J]. 生态与农村环境学报, 2008, 24 (4) : 42-45, 52.

[56] 杨帆, 高大文, 高辉 . 高效吸收氮、磷的滨岸缓冲带植物筛选 [J]. 东北林业大学学报, 2010, 38 (9): 62-63.

[57] 左倬, 蒋跃, 薄芳芳 . 平原河网地区滨岸带外来植物入侵现状及影响研究: 以上海青浦区为例 [J].

生态环境学报，2010，19（3）：665-671.

[58] 王莹. 秦淮河河岸带与太湖湖滨带土壤特性的初步研究 [D]. 南京：南京林业大学，2007.

[59]POST W M，IZAURRALDE R C，MANN L K，et al. Monitoring and verifying changes of organic carbon in soil [J].Climatic Change，2001，51（1）：73-99.

[60]USEPA. Chesapeake Bay Program Forestry Work Group. The role and function of forest buffers in the Chesapeake Bay basin for nonpoint source management[R].U.S. Environmental Protection Agency，1993.

[61]SNYDER N J，MOSTAGHIMI S，BERRY D F. Evaluation of a riparian wetland as a naturally occurring decontamination zone [C]//American，Society of Agricultural Engineers. Clean Water，Clean Environment：21st Century，1995：259-262.

[62] 王庆成，于红丽，姚琴，等. 河岸带对陆地水体氮素输入的截流转化作用 [J]. 应用生态学报，2007，18（11）：2611-2617.

[63]Bailey N J，Motavalli P P，Udawatta R P. Soil CO_2 emissions in agricultural watersheds with agroforestry and grass contour buffer strips[J]. Agroforestry Systems，2009，77（2）：143-158.

[64] 汪冬冬. 上海城市河流滨岸带生态系统退化评价研究：以苏州河为例 [D]. 上海：华东师范大学，2010.

[65] 吴冰，邵明安，毛天旭，等. 模拟降雨下坡度对含砾石土壤径流和产沙过程的影响 [J]. 水土保持研究，2010，17（5）：54-58.

[66]ANNA L，BRADLEY L，ROSS G. Bat activity on riparian zones and upper slopes in Australian timber production forests and the effectiveness of riparian buffers [J]. Biological Conservation，2006，129（2）：207-220.

[67]GILLEY J E，EGHBALL B，KRAMER L A，et al. Narrow grass hedge effects on runoff and soil loss [J]. Journal of Soil and Water Conservation，2000，55（2）：190-196.

[68] 董凤丽. 上海市农业面源污染控制的滨岸缓冲带体系初步研究 [D]. 上海：上海师范大学，2004.

[69] 刘泽峰. 不同坡度滨岸缓冲带对农田径流污染物的去除效果研究 [D]. 上海：东华大学，2008.

[70]NILSSON C，BERGGREN K. Alterations of riparian ecosystems caused by river regulation [J]. Bioscience，2000，50（9）：783-793.

[71]LEE P，SMYTH C，BOUTIN S. Quantitative review of riparian buffer width guidelines from Canada and the United States [J]. Journal of Environmental Management，2004，70（2）：165-180.

[72]SWANSON F J，GREGORY S V，SEDELL J R，et al. Analysis of coniferous forest ecosystems in the Western United States [M].Stroudsburg，Pennsylvania：Hutchinson Ross Publishing，1982.

[73]BENNETT P. Guidelines for assessing and monitoring riverbank health [M]. Hawkesbury Nepean Catchment Management Trust，2000.

[74]Water and River Commission of Australia. Identifying the Riparian zone [R]. Australia，

2000.

[75] 诸葛亦斯, 刘德富, 黄钰铃. 生态河流缓冲带构建技术初探 [J]. 水资源与水工程学报, 2006, 17 (2): 63-67.

[76] 李怀恩, 张亚平, 蔡明, 等. 植被过滤带的定量计算方法 [J]. 生态学杂志, 2006, 25 (1): 108-112.

[77] 邓红兵, 王青春, 王庆礼. 河岸植被缓冲带与河岸带管理 [J]. 应用生态学报, 2001, 12 (6): 951-954.

[78] TEITER S, MANDER U. Emission of N_2O, N_2, CH_4 and CO_2 from constructed wetlands for waste water treatment and from riparian buffer zones [J]. Ecological Engineering, 2005, 25 (5): 528-541.

[79] YUAN Y P, BINGNER R L, LOCKE M A. A Review of effectiveness of vegetative buffers on sediment trapping in agricultural areas [J]. Ecohydrology, 2009, 2 (3): 321-336.

[80] 张春艳, 韩宝平, 王晓, 等. 典型城市工业区 TSP 中重金属污染研究, 中国环境监测, 2007, 23 (2): 71-74.

[81] 庄树宏, 王克明. 城市大气重金属 (Pb, Cd, Cu, Zn) 污染及其在植物中的富集 [J]. 烟台大学学报: 自然科学与工程版, 2000, 13 (1): 31-37.

[82] 马跃良, 贾桂梅, 王云鹏, 等. 广州市区植物叶片重金属元素含量及其大气污染评价 [J]. 城市环境与城市生态, 2001, 14 (6): 28-30.

[83] 任乃林, 陈炜彬, 黄俊生, 等. 用植物叶片中重金属元素含量指示大气污染的研究 [J]. 广东微量元素科学, 2004, 11 (10): 41-45.

[84] 陈学泽, 谢耀坚, 彭重华. 城市植物叶片金属元素含量与大气污染的关系 [J]. 城市环境与城市生态, 1997, 10 (1): 45-47.

[85] 王爱霞, 张敏, 黄利斌, 等. 南京市 14 种绿化树种对空气中重金属的累积能力 [J]. 植物研究: 2009, 29 (3): 368-374.

[86] 郭亚平, 胡曰利. 土壤—植物系统中重金属污染及植物修复技术 [J]. 中南林学院学报, 2005, 25 (2): 59-62.

[87] 陈怀满. 土壤: 植物系统中的重金属污染 [M]. 北京: 科学出版社, 1996.

[88] 张银龙, 陈平, 王月菡, 等. 城市森林群落枯落物层中重金属的含量与储量 [J]. 南京林业大学学报, 2005, 29 (6): 19-22.

[89] 王广林, 张金池, 庄家尧, 等. 31 种园林植物对重金属的富集研究 [J]. 皖西学院学报, 2011, 27 (5): 83-87.

[90] 蔡志全, 阮宏华, 叶镜中. 栓皮栎林对城郊重金属元素的吸收和积累 [J]. 南京林业大学学报, 2001, 25 (1): 18-22.

[91] 袁敏, 铁柏清, 唐美珍. 土壤重金属污染的植物修复及其组合技术的应用 [J]. 中南林学院学报, 2005, 25 (1): 81-85.

[92] 臧德奎. 园林植物造景 [M]. 北京: 中国林业出版社, 2014.

[93] 苏雪痕. 植物造景 [M]. 北京: 中国林业出版社, 1994.

图书在版编目（CIP）数据

潘安湖湿地公园植物研究 / 杨瑞卿等著. -- 合肥 :合肥工业大学出版社, 2018.12

ISBN 978-7-5650-4273-7

Ⅰ. ①潘… Ⅱ. ①杨… Ⅲ. ①沼泽化地 – 公园 – 植物 – 研究 – 徐州 Ⅳ. ①Q948.525.34

中国版本图书馆CIP数据核字（2018）第266617号

潘安湖湿地公园植物研究

著　　者：杨瑞卿　徐德兰　孙钦花　张翠英

责任编辑：张择瑞　赵　娜

出　　版：合肥工业大学出版社

地　　址：合肥市屯溪路193号

邮　　编：230009

网　　址：www.hfutpress.com.cn

发　　行：全国新华书店

印　　刷：安徽联众印刷有限公司

开　　本：889mm×1194mm　1/16

印　　张：14.75

字　　数：360千字

版　　次：2020年10月第1版

印　　次：2020年10月第1次印刷

标准书号：ISBN 978-7-5650-4273-7

定　　价：120.00元

发行部电话：0551—62903188

编辑部电话：0551—62903204